普通高等学校公共管理类专业卓越人才培养精品教材
丛书编委会

普通高等学校公共管理类专业卓越人才培养精品教材

丛书总主编／许晓东

公共伦理学新编

A New Introduction to Public Ethics

主　编　史云贵
副主编　孟　群

华中科技大学出版社
http://press.hust.edu.cn
中国·武汉

图书在版编目(CIP)数据

公共伦理学新编 / 史云贵主编. -- 武汉 ：华中科技大学出版社，2025. 6. -- ISBN 978-7-5772
-1823-6

Ⅰ. B82-051

中国国家版本馆 CIP 数据核字第 2025TC7632 号

公共伦理学新编   史云贵　主编

Gonggong Lunlixue Xinbian

策划编辑：周晓方　宋　焱　庹北麟
责任编辑：周　天
封面设计：原色设计
责任校对：张汇娟
责任监印：曾　婷
出版发行：华中科技大学出版社（中国·武汉）　　　电话：(027) 81321913
　　　　　武汉市东湖新技术开发区华工科技园　　　邮编：430223
录　　排：华中科技大学出版社美编室
印　　刷：武汉科源印刷设计有限公司
开　　本：787mm×1092mm　1/16
印　　张：10.5　　插页：2
字　　数：255 千字
版　　次：2025 年 6 月第 1 版第 1 次印刷
定　　价：58.00 元

主编简介

史云贵　浙江财经大学公共管理学院教授、院长，公共管理专业博士生导师。曾任四川大学公共管理学院院长、广西大学公共管理学院院长。教育部高等学校公共管理类专业教学指导委员会委员，教育部新世纪优秀人才，四川省学术和技术带头人。教育部重大项目"县级政府绿色治理体系构建与质量测评"首席专家。主要研究绿色发展与绿色治理、城乡基层社会治理、公共政策等。主持国家社会科学基金、省部级课题10余项，地方横向课题20余项，已出版个人专著、教材8部，在《政治学研究》《中国行政管理》《学术月刊》《社会科学战线》《中国人民大学学报》等期刊发表学术论文80余篇。教学科研成果获四川省人民政府教学成果奖一等奖3项、二等奖2项、三等奖4项。

内容提要

Summary

　　公共伦理学又称公共行政伦理学,是一门跨越行政学和伦理学领域的交叉学科,专注于研究公共行政中的行政价值、行政伦理。公共伦理学研究的对象主要是政府及其工作人员的利益与价值、自由与平等、权利与义务、责任与担当、理性与情感、角色与冲突、品德与才干、优秀与平庸、忠诚与服从、清廉与腐败等之间的内在关系,以及政府及其工作人员通过规制公共权力的滥用,维护公平正义、促进社会进步与和谐的能力。本教材具有体例新、知识新、观点新、方法新等特点,适合公共管理专业师生和公共管理领域的工作人员使用。

总序

Foreword

党的二十大报告指出，当前中国共产党的中心任务是团结带领全国各族人民全面建成社会主义现代化强国、实现第二个百年奋斗目标，以中国式现代化全面推进中华民族伟大复兴。要实现这一历史任务，必须持续深入推进国家治理体系和治理能力现代化，并在全球治理中发挥更大作用。近年来，党和国家机构改革持续深化，基层治理体系日渐完善，城市数字治理不断创新，应急管理能力大幅提升，全球治理参与渐显身影，为中国式现代化这艘巨轮行稳致远奠定了坚实基础。同时，世界百年未有之大变局加速演进，新一轮科技革命和产业变革深入发展，国际力量对比深刻调整，也为我国国家治理体系和治理能力现代化带来了严峻挑战。

公共管理学作为以政府行政和公共事务为主题的综合性学科，需要主动适应国家治理现代化的战略需求，高度关注我国国家治理的本土经验，加快构建中国公共管理自主知识体系，为新时代中国特色社会主义建设培养卓越管理人才。近年来，为了适应公共管理的新形势，普通高等学校本科公共管理学类专业数目在不断增加，养老服务管理、海外安全管理、慈善管理等新专业进入本科校园。2023年5月，国务院学位委员会公共管理学科评议组发布《公共管理学一级学科下属二级学科指导性目录（2023年）》和《公共管理学一级学科下属二级学科简介（2023年）》，公共管理二级学科在数量上增加到11个。原有的5个二级学科中，社会医学与卫生事业管理更名为卫生政策与管理，教育经济与管理更名为教育政策与管理；新增6个二级学科，分别是公共政策、应急管理、社会组织管理、数字公共治理、城乡公共治理、全球治理。专业目录的调整说明我国公共管理高等教育已进入全方位发展新阶段，亟须全面创新公共管理类本科专业应用型人才培养体系，切实提升公共管理类专业人才培养质量。

在专业建设过程中，教材建设具有基础性意义，是开展课程改革和师资培训的关键载体。21世纪初，华中科技大学出版社在全国公共管理专业学位研究生教育指导委员会专家和教育部高等学校公共管理类专业教学指导委员会专家的大力支持下，组织编写了"21世纪公共管理类系列规划教材",推出了《领导科学与艺术》《公共管理导论》《定量分析方法》《电子政务》《公共经济学》《公共政策分析》等多部广受欢迎的公共管理学教材。为了适应当前公共管理学的学科建设和教育改革需求,我们对原有系列教材进行全面升级改造,在新一届教育部高等学校公共管理类专业教学指导委员会专家的指导下,组织编写一套"普通高等教育'双一流'建设公共管理类专业'十四五'规划系列精品教材",期待能为广大教师带来更具前沿性、实用性和创新性的教材。

本套教材将凸显以下特色:

一是强化思政育人功能。公共管理课程必须始终坚持"人民至上"和"以人为本"的国家治理初心,持续铸牢中华民族共同体意识,突出人性尊严、公共利益、社会正义等核心价值,为党和国家机关、企事业单位、社会组织等输送立场坚定、品质优良、善谋敢为的公共管理专门人才。

二是充分反映数智时代对应用型公共管理专业人才的培养要求。在考虑本套教材整体结构时,既注重管理学、经济学原理、公共管理、公共经济学、公共政策概论、公共部门人力资源管理等核心课程,又强调当今数字公共治理等实践趋势;既注重知识结构的完整性,又强调教学内容的实践性,力求实现先进公共管理理论与当代中国数字治理的充分结合。

三是强化案例教学。应用型本科公共管理专业应高度重视培养学生独立发现问题、分析问题和解决问题的能力,而案例教学是实现学生能力提升的有效途径。因此,本套教材配备了大量同步案例和综合案例,力求通过案例教学使学生做到学以致用,知行合一。

教材编写是十分艰辛的事情,我们在此真诚感谢各位编者的辛苦付出,也期待有更多优秀的专家学者加入我们的编者团队。本套教材中难免存在一些疏漏与错误,真诚希望广大读者批评指正,以期在教材重印和再版时持续完善。

许晓东[①]

2024 年 4 月

---

① 许晓东:华中科技大学副校长,二级教授、博士生导师。国务院学位委员会公共管理学科评议组成员,教育部高等学校公共管理类专业教学指导委员会副主任,中华民族共同体研究会副会长,中国系统工程学会常务理事,湖北省社科联副主席,武汉市人民政府咨询委员会副主任;《华中科技大学学报(社科版)》主编,《高等教育研究》主编,《信息技术与管理应用》学术委员会主任,《公共管理评论》学术委员会委员。获国家级奖励 5项,获省部级奖励 10 余项。

前言
Preface

　　本教材分为十章,分别从公共伦理中的利益与价值、自由与平等、权利与义务、责任与担当、理性与情感、角色与冲突、品德与才干、优秀与平庸、忠诚与服从、清廉与腐败等维度描绘了新时代公共伦理学的知识图谱。本教材从"立德树人"角度出发,着力解决重"教"轻"育"、重"知"轻"魂"、有"教"乏"法"、有"识"乏"新"、有"教"乏"类"等教学中的问题。本教材有如下四个"新"意。

　　(1)体例新。本教材以"章、节、目"为编撰体例,并配有数字资源。在一些重要概念的相应位置插入"背景介绍""案例分析""影视片段"等数字化资源,帮助学生理解。

　　(2)知识新。本教材从公共伦理的基本价值出发,研究政府及其工作人员在公共行政行为中的责任与义务,从道德、伦理、价值等方面阐释和分析学科体系,并从政治、行政、治理、服务及其运作流程的角度出发,引导学生理解、体认并探索公共伦理学发生、发展和演变的规律,能够为学生分析公共伦理行为提供最新的理论知识和方法技术支撑。

　　(3)观点新。本教材把利益、公共利益、自由、平等、公平正义、责任、义务、廉洁、效率、理性、公共理性等公共伦理价值作为理论基础,重构教材体系结构,以加强教材的时效性和系统性。

　　(4)方法新。本教材高度重视"课前预习—课堂学习—课后复习—知识拓展—实践领会"等学习环节,帮助学生形成完整的学习链条。教材凸显了"以学生为中心"的教学理念,注重引导学生对大量公共伦理案例进行充分研讨,着重培养学生提出问题、分析问题和解决问题的能力。

　　总的来说,本教材致力于为广大读者构建一个具有系统性、科学性、实践性、时代性的公共伦理学理论体系,强调公共伦理学的多元化视角,积极吸收公共伦理学的最新理论成果,鼓励读者以多维视角理解公共伦理学的基本概念与关键问题,学会以审视的眼光批判与吸纳不同的观点,在多样化的环境中学会辨析和反思,从而更好地把握新时代公共伦理学的发展脉络和知识全貌。

目录
Contents

绪　　论

————本章导言————

　　本章从公共伦理学的概念、演进、研究对象、研究内容、研究方法等角度对公共伦理学进行了简明扼要介绍，旨在帮助读者弄清楚"公共伦理学是什么""公共伦理学研究什么"等基本问题，为读者以后章节的学习奠定基础。

　　三百六十行，行行都有自己的"道"。这里的"道"一般指行业的行为规范。也就是说，做任何工作都需要一定的伦理作为其行为规范，政府及其工作人员也不例外。通常，我们将政府及其工作人员需要遵循的伦理，称为公共伦理或行政伦理。

一、公共伦理学的概念

　　公共伦理学又称公共行政伦理学，是一门跨越行政学和伦理学领域的交叉学科，专注于研究公共行政中的行政价值、行政伦理等问题。行政伦理的跨学科性要求我们在定义"公共伦理学"时，既要注重从道德、伦理、价值等方面去理解和把握，又要从政治、行政、治理、服务及其运作流程等多视角出发，去理解、体认并探索公共伦理学发生、发展和演变的规律。

　　实际上，自公共伦理学诞生以来，它一直把公共行政建立在一定的伦理道德的基础之上。自由、平等、公平正义是人类的美好追求。在现代社会，许多政治制度与政府形式的设计都建立在这些价值基础上。不同国家的人民及其政治家对自由、平等、公平正义的看法不同，从而形成了不同的政治体制和行政模式。基于此，公共伦理学实际上是研究公共权力机关及其工作人员道德伦理的学科，是研究公共行政的价值基础与理论诉求的学科。

案例：走中国特色
人权发展道路
推动国际人权
事业健康发展

二、公共伦理学的研究内容

　　公共伦理学研究的对象主要是政府及其工作人员，这是公共伦理与其他职业伦理的重要不同点。社会各界对公共利益、自由、平等、公平正义等的追求,要求作为权力受托人的政府扮演好政治人的角色,明确其维护公平正义的责任与义务。公职人员只有具备廉洁、高效的素质,才能更好地履行自己的义务与责任。任何社会主体行为背后都有利益的驱动。各种社会行为主体在权益博弈过程中的矛盾与冲突,需要理性来进行协调与统一。现代公共领域中的公共理性是一种能够协调自由与平等、缓解矛盾与冲突、规制公共权力的滥用、维护公平正义、促进社会进步与和谐的能力。

由此看来,公共利益、自由、平等、公平正义、责任、义务、廉洁、效率、理性、公共理性等,都是现代公共伦理学的研究内容。

■ 三、公共伦理学的形成与发展

虽然公共伦理思想有着悠久的历史,但公共伦理学成为一门科学是19世纪末期行政学产生之后的事情。在之后的半个多世纪,西方民主发展中的问题日益凸显,公共权力滥用情况被屡屡曝光,引发了人们对公共伦理道德的深刻反思。

美国公共伦理学家库珀认为,衡量公共伦理是否成为一个成熟的研究领域,或者说公共伦理是否成为一门专门学科的标准主要有三条:其一,要有一批对公共伦理这一主题感兴趣的研究者,他们中有一部分人能够成为该领域的专家;其二,要有一些专门研究公共伦理问题的专著、论文及其专门刊物,且已建构一套专门用于研究公共伦理的话语体系和理论框架;其三,要在一定数量的大学和职业教育学院中开设公共伦理或行政伦理的课程。

目前我国的综合大学和几乎所有开设了公共管理类专业的高校中都开设了公共伦理学或行政伦理学课程,并出版了一系列公共伦理学方面的教材,其中王伟、万俊人、张康之等学者对推动我国公共伦理学的发展作出了重要贡献。按照库珀的标准,在西方国家和社会主义新时代的中国,公共伦理业已发展成为一门专门的学科,且在进一步发展与完善中。

■ 四、公共伦理学研究的方法

公共伦理学作为一门跨学科的新兴学科,其研究的路径建立在伦理学和行政学的基础之上,采用多元化的研究方法。其中比较重要的是历史分析法、比较分析法和心理分析法等。

□ 1.历史分析法

公共伦理学的历史分析法是指将公共伦理置于一定的历史发展阶段和具体的历史背景下进行考察,这样便于研究某一历史时期,社会经济、政治制度、意识形态、思想文化等因素对公共伦理产生和发展的影响。运用历史分析法研究公共伦理,能够科学地探索和阐释公共伦理的本质和发展规律,从历史维度梳理公共伦理学发展的脉络,增强社会主体对我国公共行政文化的自信。

□ **2. 比较分析法**

公共伦理的比较分析法,是把古今中外的公共伦理问题进行对比分析的方法,既包括纵向比较,也包括横向比较。纵向比较是对不同历史时期的公共伦理思想进行比较,弄清重要的公共伦理概念在历史的承袭与变异过程中的发展、嬗变的规律与脉络。横向比较,主要是对不同国家、不同地区、不同民族的公共伦理进行比较分析,考察其异同。在此基础上,还可以进行同质比较与异质比较。通过比较分析,我们可以找到相关公共伦理的异同。如我们比较分析"公""忠"等一些基本的公共伦理概念,分析其同质和异质,就能明确传统中国公共伦理的发展脉络;比较分析"自由""平等""公正"等基本的公共伦理学概念,就能够把现代公共伦理发展的基本脉络梳理清楚了。

拓展阅读:
中西方公共行政
伦理比较分析

□ **3. 心理分析法**

心理分析法是从公共伦理行为入手,分析产生这种伦理行为的内在动机,并推导该行为可能产生的实践后果。该方法以公共伦理行为为研究对象,将内在动机与实践效果有机结合起来进行分析,透过公共伦理现象去认识其本质与发展规律。公共行政主体心理问题和伦理问题的出现及其相互作用必然制约着公共伦理的产生与演变。

本章复习题

1. 简述公共伦理学的概念及其发展历程。
2. 简述公共伦理学的研究对象与研究内容。
3. 公共伦理学的研究方法有哪些?

复习题参考答案

本章参考书目

1. 特里·L. 库珀:《行政伦理学:实现行政责任的途径》,张秀琴译,中国人民大学出版社 2001 年版。
2. 马国泉:《行政伦理:美国的理论与实践》,复旦大学出版社 2006 年版。
3. 张康之、李传军:《行政伦理学教程》,中国人民大学出版社 2004 年版。
4. 王伟、鄯爱红:《行政伦理学》,人民出版社 2005 年版。
5. 万俊人:《现代公共管理伦理导论》,人民出版社 2005 年版。
6. 张康之:《行政伦理的观念与视野》,中国人民大学出版社 2008 年版。

第一章
公共伦理中的利益与价值

——本章导言——

　　利益是一切行为背后的动机。利益分析法是社会科学研究的基本方法。我们在分析公共行政行为背后的现象时,往往都会将利益作为出发点。利益分为具体的利益和抽象的利益。公共行政主体的活动有时候不局限于追求具体的利益,还包括抽象的利益,即某种价值的实现。

■ 第一节　公共伦理中的利益

　　利益是研究公共伦理的基本视角,利益分析法是公共伦理学的研究方法之一。公共伦理失范实际上是利益的失衡。

■ 一、利益的概念

　　利益对于我们来说,既是一个熟悉的概念,又是一个模糊、抽象的概念。不同学科的学者往往会从本学科视角出发来理解利益,因此,他们对利益的体认也不尽相同,但他们几乎都把自己对利益概念的理解建立在"需要"和"动机"的基础上。利益一般指人们的某种"需要"。"动机是人产生的,而不是动机产生人。人们做一件事或不做一件事的利益,不取决于任何外部情况,而决定他是什么样的人。"[①]

　　《中国大百科全书》哲学卷对利益的解释是"人们通过社会关系表现出来的不同需要"。哲学学者王伟光认为,"利益是需要主体以一定的社会关系为中介,以社会实践为手段,使需要主体与需要对象之间矛盾状态得到克服,即需要的满足"[②]。政治学者王浦劬认为,利益就是"一定生产基础上获得了社会内容和特征的需要"[③]。社会学家郑杭生认为,利益是"处在生产力和人类需要一定发展阶段上人们生存和社会生活的客观条件。需要是利益自然的基础,而社会资源则是利益的载体和具体内容"[④]。尽管不同学者在利

---

① J. S. 密尔:《代议制政府》,汪瑄译,商务印书馆1982年版,第95-96页。
② 王伟光、郭宝平:《社会利益论》,人民出版社1988年版,第68页。
③ 王浦劬:《政治学基础》,北京大学出版社1995年版,第53页。
④ 郑杭生等:《转型中的中国社会和中国社会的转型》,首都师范大学出版社1996年版,第111页。

4

益概念上有着不同的观点,但他们都认为,利益是在一定的环境下,社会主体的需要得以满足的内容或条件。

二、公共利益的概念

西方关于公共利益的观念的起源可追溯至"公益"(common good)这一概念。在英国资产阶级革命的过程中,推崇契约政治思想、具有妥协传统的英国人逐步认识到,私有利益不仅不是万恶之源,还对稳定社会的形成发挥着有益的甚至不可或缺的作用。17世纪后期,"公共利益"(public interest)开始"取代公益"(common good),成为政治领域中的核心词汇之一。公共利益是政治共同体(国家)内的全体成员共同利益的统称,它是全体社会成员在一定社会基础之上所形成的总体意志和要求的体现,是个人利益和团体利益上升到全社会层面的利益意志的体现。

三、公共利益与私人利益的关系

很多人在讨论公共利益与私人利益时,会将二者对立起来,认为二者很难调和。从公共利益的起源和发展来看,公共利益是建立在私人利益基础上的,个体在追求私利时会与其他行为主体产生矛盾,多方经过博弈,达成共识,就产生了公共利益;而大家在追求公共利益的同时,要求对私人利益进行保护。也就是说,尊重、引导和保护私人利益有助于公共利益的实现和政治的平衡;而对公共利益的追求和公共利益的实现也有助于促进和保护私人利益。[①]显然,各种社会行为主体之间的利益矛盾和利益冲突是公共利益得以存在和实现的前提条件,而公共利益的形成也有助于抑制个体私欲的膨胀。

在中国"公"与"私"观念矛盾的发展过程中,人们往往过于强调"公"观念的至上性与绝对性,"立公灭私"是某些执政集团政治话语体系中的核心理念,"假公济私"等观念为统治阶级主导的政治舆论所不容,也为广大人民群众所不齿。但长期以来,对于究竟什么是"公",及其与"私"的关系,我们并没有正确的体认和解读。帝制中国在借助君主专制政体整合"公""私"观念的过程中,不可避免地出现了两种不同的公私观念,并在此基础上出现了两种矛盾的忠诚观:以国为公(忠)与以君为公(忠)。实际上,帝制中国时代的岳飞、于谦等彪炳史册的忠臣良将,与其说死于专制君主或依附君主的奸佞小人之手,毋宁说死于无法真正调和公、私间矛盾与冲突的君主专制制度。

第二节　公共伦理中的利益分配

在资本主义国家,建立在人民主权理论基础上的执政党和政府往往打着维护公共利益和公平正义的旗帜来整合公、私间的矛盾与冲突,力图以执政党和政府的利益代表公共利益,并让其他社会行为主体自觉地认同与服从。诚然,公共利益的实现离不开执政党和政府对各种私人利益的规范和引导,但是,现代公共利益无疑是基于各种私人利益的,对私人利益的尊重和保护是实现公共利益的重要前提。

---

① 马国良:《行政伦理:美国的理论与实践》,复旦大学出版社2006年版,第46—48页。

公共利益往往与政治共同体中绝大多数人们的利益与意志有着不可分的相关性。然而，"凡是属于最多数人的公共事物常常是最少受人照顾的事物，人们关怀着自己的所有，而忽视公共的事物；对于公共的一切，他至多只留心到其中对他个人多少有些相关的事物"①。对公共利益的追求和实现要求政府要始终代表最广大人民群众的根本利益，在治国理政的过程中要始终以维护社会的公平正义为己任。由于政府公平制度与政策的供给是引导、规范私人利益，维护公共利益的前提和基础，因而对政府及其工作人员的科学管理和有效规范是保证公共权力始终服务于公共利益而不被滥用的重要条件。为此，现代政府"要使行政建立在以稳固的原则主导的基础上，使行政方式摆脱凭经验、靠摸索的模式，避免由此而造成资源的浪费和管理的混乱"②。

在所有的利益分配工具中，公共政策是最重要的。公共政策是以政府为代表的政策主体对社会利益进行权威性分配的工具或手段。公共政策在分配利益的同时，其实也在分配价值，而抽象的价值本身也是一种特殊的利益。在现代社会，利益的分配并不是完全由政府决定的。利益分配的过程也是各种利益主体围绕各自利益最大化而进行博弈的过程。现代政府在利益分配中的作用，更多的是把基于利益主体在博弈中形成的"约定共识"通过法定程序变成公共政策或相关政策性法律。

政府的公共行政过程或公共决策过程是否代表公共利益，要通过公共权力机关的"阳光行政"机制，把政府及其工作人员的行政活动置于人民群众的直接监督之下，以人民群众的评估和满意度来验证，并进一步判断政府公共行政的公共性、服务性和道德性。

案例:权力
行在阳光下,
清廉润在政务中

■ 第三节　公共伦理中的制度

从理论上讲，对于"制度"概念的研究和体认，政治学与行政学家本应有真知灼见。但事实上，政治学与行政学所探讨的"制度"的概念，基本上借鉴了经济学、法学、社会学等学科关于"制度"的定义，而缺乏自己学科的特色。就连以研究"制度"见长的制度经济学派，对什么是"制度"，也是众说纷纭，莫衷一是。制度经济学派的创始人凡勃伦认为，"制度"是"个人或社会对有关的某些关系或某些作用的一般思想习惯"③。而康芒斯则把"制度"理解为"集体行动控制个体行动"④。新制度经济学的主要代表人物诺思认为，"实际上，制度是个人与资本存量之间，资本存量、物品与劳务产出及收入分配之间的过滤器"；"制度是一系列被制定出来的规则、守法程序和行为的道德伦理规范，它旨在约束追求主体福利或效用最大化利益的个人行为"⑤。舒尔茨将制度定义为"一种行为规则，这

---

① 亚里士多德:《政治学》,吴寿彭译,商务印书馆 1965 年版,第 48 页。
② Woodrow Wilson:"The Study of Administration",Political Science Quartrely,June 1887,197-222。
③ 张宇燕:《经济发展与制度选择:对制度的经济分析》,中国人民大学出版社 1992 年版,第 110 页。
④ 康芒斯:《制度经济学》,商务印书馆 1962 年版,第 87 页。
⑤ 道格拉斯·C.诺思:《经济史中的结构与变迁》,陈郁、罗华平等译,上海三联书店、上海人民出版社 1994 年版,第 225-226 页。

些规则涉及社会、政治及经济行为"①。社会学家帕森斯从角色理论出发指出,"制度可以叫作复杂的制度化的角色整合,这种整合在所谈及的社会系统中具有战略性结构的意义"②。英国法学家麦考密克从制度与规则的关系出发,认为制度"是用规则或通过规则表述的。规则的任何出现、发展或进化的进程都可能是制度的出现、发展或进化的进程"③。美国政治学者在《政治学分析词典》中把"制度"(institution)解释为"在有关价值的框架中由有组织的社会交互作用组成的人类行为的固定化模式"④。尽管西方学者从不同的学科视角出发,对制度进行了定义,但他们基本上都抓住了"制度是具有约束性的规则"这一基本属性。我国经济学者张宇燕认为,"制度的本质内涵不外乎两项,即习惯和规则"⑤。基于前人的研究,著者认为:制度是人类适应环境的结果,它是以习惯与规则为主要表现形式。以强制性或约束性为主要特征,以组织为基本载体,用于保障交往、合作与交易等行为顺利进行的理性工具。利益和需要是把人与社会连接起来的纽带,"每一既定社会的经济关系首先表现为利益"⑥,并且"政治权力不过是用来实现经济利益的手段"⑦,因此,利益是制度的载体,而制度是维护利益的工具;制度变迁是社会行为主体在利益的博弈与冲突的过程中所产生的结果与表现。利益的存在以及不同阶级、阶层、利益集团的利益冲突是制度存在及其变迁的基本前提。公共利益的客观存在是制度建立的基础,也就是说维护和实现公共利益是制度供给的基本目的。制度就是通过规范不同阶级、阶层及其利益集团相互冲突的利益活动来巩固政治合法性的。

从制度的定义与特征中,我们可以看出,公共权力机关制定制度的目的是为人们提供一个理性博弈的"游戏规则"。制度的强制性与约束力是制度的基本特征,它是以公共权力机关合法的强制力为后盾的。制度存在的目的是规范、协调人们的行为,平衡或缓和人们彼此间冲突的利益,使执政集团的利益获得合法性。所以,制度,特别是政治制度,与权力、资源、利益等要素密切相关。一种制度要想在较长的时期内具有生命力,它必须是各种社会行为主体相互博弈的结果,是一种"约定"的共识,该制度应在某种意义上体现了公共利益,并融入了一定程度的公共理性。完全体现统治者利益与理性的制度是无法长期具有合法性的,因而也不可能长久。这说明了利益冲突的广度与深度是制度变迁的关键性因素。从人们普遍承认的制度是约束人们行为的规则的观念出发,我们不难理解,在利益冲突中,制度的作用就在于为博弈各方"提供人们相互影响的框架,制度框架建立了,便构成了一个社会,或更确切地说一种经济秩序的合

① R. 科斯、A. 阿尔钦、D. 诺斯:《财产权利与制度变迁——产权学派与新制度经济学派译文集》,胡庄君等译,上海三联书店、上海人民出版社 1994 年版,第 253 页。
② D. P. 约翰逊:《社会学理论》,南开大学社会学系译,国际文化出版公司 1988 年版,第 521-522 页。
③ 麦考密克、魏因贝格尔:《制度法论》,季卫东译,中国政法大学出版社 1994 年版,第 19 页。
④ 杰克·普拉诺:《政治学分析辞典》,胡杰译,中国社会科学出版社 1986 年版,第 77 页。
⑤ 张宇燕:《经济发展与制度选择:对制度的经济分析》,中国人民大学出版社 1992 年版,第 120 页。
⑥ 中共中央马克思恩格斯列宁斯大林著作编译局:《马克思恩格斯选集(第 3 卷)》,人民出版社 1995 年版,第 209 页。
⑦ 中共中央马克思恩格斯列宁斯大林著作编译局:《马克思恩格斯选集(第 4 卷)》,人民出版社 1995 年版,第 250 页。

作与竞争关系"①。在诺思看来,广义的"制度"实际上是一种"结构"或说是一种"制度环境",它把一个社会的政治和经济制度、习俗和意识形态等正式和非正式的制度都囊括了。诺思认为,"政治和经济组织的结构决定着一个经济的实绩及知识和技术存量的增长速率。人类发展中的合作与竞争形式以及组织人类活动的规则的执行体制是经济史的核心"②。在新制度经济理论中,广义的"制度"包括制度安排和制度环境两个层次。制度安排是各种具体的制度化的约束性规则,是低层次的制度,它们在国家与社会结构中一般不占有决定性或支配性的地位。制度环境,"是一系列用来建立生产、交换与分配基础的政治、社会、法律基础规则"③。制度环境一般以国家的政策、法律等正式制度为核心,也包括习俗、意识形态等一些辅助性的非正式制度。制度环境一旦形成便具有较强的稳定性。制度环境的作用,"可以说是对于可供人们选择的制度安排的范围,设置了一个基本的界限,从而使人们通过选择制度安排来追求自身利益的增进受到特定的限制"④。可见,制度环境是约束具体制度安排的制度性框架,制度安排一般受制度环境的影响并在制度环境的框架下运行。虽然"制度环境决定制度安排的性质、范围和进程",但具体的制度安排也会反作用于制度环境,并推动制度环境的局部调整。⑤

政治制度主要是指通过政治领域的活动来协调、规范、整合社会行为主体利益的政治规则及其由此构成的政治结构。实际上,经济制度,特别是国家的财政制度,乃至社会意识形态等非正式制度都与社会行为主体间利益的博弈与冲突有着密不可分的关系。

■ 第四节　公共伦理中制度的价值及评价

从制度的定义、制度的基本特征来看,对制度的评价是十分复杂的。制度的供给、安排与变迁离不开对制度正当、合理与否的评价。一项制度的正当与否,我们通常可以用合利性、合法性、合道德性三种指标来衡量。⑥制度的合利性评价,就是功利性评价或者说是工具理性的评价。制度作为一种规范和约束人们行为的社会规则,是协调、平衡、整合私人利益与公共利益,以及不同社会主体利益矛盾与冲突的工具。因而,制度具有很强的功利性或工具理性的作用。亨廷顿认为,"如果完全没有社会冲突,政治制度便没有必要存在;如果完全没有社会和谐,政治制度也无从建立";"政治制度乃是道德一致性与共同利益在行为上的表现"。⑦实际上,不仅政治制度,经济制度和其他的正式制度与非正式制度都是以具有工具理性为基础而存在的。基于工具理性设计的制度,由于迎合了统治

①　道格拉斯·C.诺思:《经济史中的结构与变迁》,陈郁、罗华平等译,上海三联书店、上海人民出版社 1994 年版,第 225 页。

②　道格拉斯·C.诺思:《经济史中的结构与变迁》,陈郁、罗华平等译,上海三联书店、上海人民出版社 1994 年版,第 17 页。

③　樊纲:《渐进式改革的政治经济学分析》,上海远东出版社 1996 年版,第 27 页。

④　樊纲:《渐进式改革的政治经济学分析》,上海远东出版社 1996 年版,第 28 页。

⑤　柳新元:《利益冲突与制度变迁》,武汉大学出版社 2002 年版,第 21 页。

⑥　周燕军:《合利性.合法性.合道德性——对政治制度的三种评价》,《探索》,2000 年第 6 期,第 38-40 页。

⑦　塞缪尔·亨廷顿:《变革社会中的政治秩序》,李盛平、杨玉生等译,华夏出版社 1988 年版,第 11 页。

阶级作为"经济人"在理性上的需要，通常以国家的形式出现，为国家和社会提供制度供给、构建制度环境。这些制度在一定种程度上体现了公共利益，有效地运用了公共理性，并以此获得各种社会行为主体对其合法性的认同。

也就是说，执政集团通过制定体现一定程度的公共利益的制度，来确立并维护社会秩序和执政集团"合法的暴力"统治，以实现自身效益的最大化。人们在利益需求方面的相互差别、相互冲突，需要通过制度进行规范与调节，从而把利益冲突限制在一定的范围之内；利益的实现具有社会依赖性，各种社会行为主体为实现自身利益，都需要稳定、有序的社会秩序，这也需要制度来维护。国家制度的合法性就在于国家政权通过一套宏观整合的方式协调各种利益关系，在公共理性的引导下，为了某种公共利益的实现把利益冲突限制在一定的范围之内，以维系社会的稳定与平衡。

合法性是政治学中一个非常重要的范畴。德国著名的社会学家马克斯·韦伯认为，"合法性就是人们对享有权威的人的地位的承认和对其命令的服从"[①]。国家政权的合法性集中体现于其政治权威的合法性上。所谓政治权威的合法性，一般是指主导一个政权或一种政治权力的政治权威被相信是正当的、合乎道义的，从而获得人们自愿服从或认可的属性与能力。一般认为，马克斯·韦伯所总结的传统型、克里斯玛型以及法理型三种类型，是对政治权威合法性最为经典的阐述。[②]

在传统中国社会里，皇帝自身就是制度的化身，制度权威与制度的合法性往往建立在帝制合法性上面。但是无论在哪种社会，即使在"王朝理性"支配下的专制社会，一个稍有远见、追求长远利益的执政者，虽然也会追求自身利益的最大化，但为了实现统治的长治久安，其制度的供给和安排必然要在一定程度上兼顾公共利益和其他社会主体的私利。这因为，如果他片面追求自身利益的最大化，而不顾及其他，最终不仅会导致其短期的最大化利益无法实现，还很有可能导致其执政的合法性流失。如果旧制度过于滞后于社会经济的发展和人们的思想、观念及其当时社会知识文化的进步，旧制度就需要更新或更替，从而引起了制度的变迁，以巩固合法性或以新的知识基础重建政治合法性。

对制度的合道德性评价，又称为正义性评价，评价标准是制度的道德或正义性，即制度的善与恶、正义与非正义，特别是制度的平等与公平的价值。制度评价里面的"道德"与"正义"不是指人们的品德与修养，而是指制度安排的价值取向，即制度与所在社会的人们所公认的价值观念、社会理想和伦理道德观念是否统一，以及统一到什么程度。制度的道德性评价的主要标准是社会行为主体所获得的自由与平等，其中公平正义又是制度道德性评价的核心。

制度合利性、合法性、合道德性的评价具有明显的层次性、交叉性与互补性。合利性、合法性与合道德性评价在层次上逐渐深入，要求也相应地愈发严格。作为一项控制性规则，制度首先体现的是执政集团的利益，以维护执政集团的利益和现存秩序为前提，否则就没有存在的理由，事实上也无法存在。而一个制度想要具有生命力，能够有效维护和协调社会行为主体的利益与既定利益格局，就必须获得各阶级、阶层、利益集团的承

---

①　于海：《西方社会思想史》，复旦大学出版社 1993 年版，第 333 页。

②　马克斯·韦伯：《经济与社会》（上卷），林荣远译，商务印书馆 1997 年版，第 241 页。

认、接受与服从，从而获得政治合法性。而制度合法性的产生和巩固，除了执政者个人的品质、魅力外，更多地基于制度本身内蕴的道德性理想和人们对它的认同程度。在剥削阶级统治的社会，掌握无限权力的统治者更多的是从"经济人"的理性出发，借助国家财政税收的手段来实现其自身利益的最大化。专制的统治者为了维持其长久的合法暴力统治，其制度必须在一定程度上兼顾公共利益和其他社会行为主体的私人利益，以此来获得社会的普遍接受与认同，从而获得并巩固政治合法性。如果统治集团执政的合法性大量流失，其执政合法性就会转移，统治者也会国破家亡。在传统中国社会，尽管统治阶级不会也不可能刻意追求其制度供给的合道德性，但是执政集团为了实现自身利益最大化，其制度安排除了维护其合法性，在某种程度上也体现了合道德性。中国传统社会具有"均平"性质的财政思想和具有平等价值取向的"初税亩""均田制""租庸调制""两税法""一条鞭法"等不同历史时期的制度安排，在不同程度上实现了制度的合利性、合法性与合道德性的有机统一。

■ 第五节　公平的制度：公共行政的首要目标

各种社会行为的主体，首先是作为"经济人"而存在的，因为"凡是属于最多数人的公共事物常常是最少受人照顾的事物，人们关怀着自己的所有，而忽视公共的事物；对于公共的一切，他至多只留心到其中对他个人多少有些相关的事物"[①]。而作为"政治人"的政府则要规范各种社会主体的社会行为，并引导他们在关注公共利益的过程中，形成公共精神，具备公共理性。制度以利益为载体，是协调、整合利益的有效工具，所以，公共行政的首要目标就是为社会提供一系列公平的制度，从而为各种社会行为主体的有序博弈提供公平的制度环境。早在古希腊，亚里士多德就以城邦的统治者是否以及在多大程度上关注公共利益的实现，来对那个时代的城邦政体进行分类。他认为，"政体（政府）以一个人为统治者，凡能照顾全邦人民利益的，通常称为'王制（君主政体）'"；"以群众为统治者而能够照顾全邦人民利益的，人们称它为'共和政体'"；"僭主政体以一人为治，凡所设施也以他个人的利益为依归；寡头政体以富户的利益为依归；平民政体则以穷人的利益为依归。三者都不照顾城邦全体公民的利益"[②]。亚里士多德也以统治者是否注重公共利益的实现来区别正宗政体和变态政体："凡是照顾到公共利益的各种政体就都是正当或正宗的政体，而那些只照顾到统治者利益的政体就都是错误的政体或正宗政体的变态。这类变态政体都是专制的，他们以主人管理奴仆的方式施行统治，而城邦却正是自由人所组成的团体。""最高治权的执行者则可以是一人，也可以是少数人，又可以是多数人"，"这一人或少数人或多数人的统治要是旨在照顾全邦共同的利益，则由他或他们所执掌的公务团体就是正宗政体。反之，他或他们所执掌的公务团体只照顾自己一个人或少数人或平民群众的私利，那就必然是变态政体"[③]。

① 亚里士多德：《政治学》，吴寿彭译，商务印书馆1965年版，第48页。
② 亚里士多德：《政治学》，吴寿彭译，商务印书馆1965年版，第133-134页。
③ 亚里士多德：《政治学》，吴寿彭译，商务印书馆1965年版，第132-133页。

自由、平等、公平正义,是人类的不懈追求。"一种政体如果要达到长治久安的目的,必须使全邦各部分的人民都能参加而且怀抱着让它存在和延续的意愿。"①而一个政体(政府)能够获得人们普遍的认同和服从,从而得以继续存在和延续的前提就是该政府必须是一个维护公平正义的公共权力机关。而一个标榜公平正义的政府,它的公共行政活动必须以公共利益的实现为目标。"所谓'公正',它的真实意义,主要在于'平等'。如果要说'平等的公正',这就得以城邦整个利益以及全体公民的共同善业为依据。"②而公平正义价值的实现最终要靠刚性制度的供给与实施,因此,制度的公平是维护公平正义的根本保障,制度公平是最大的社会公平。而公平的制度必须也只能由作为公共权力机关的政府来主导制定和贯彻实施。

作为能够体现公平正义的制度的制定和供给必须贯彻基本政治、经济权利平等分配和非基本政治、经济权利"按劳(能)分配"的双原则。亚里士多德认为,"正义包含两个因素——事物和应该接受事物的人;大家认为相等的人就应该配给到相等的事物"③,即"凡自然而平等的人,既然人人具有同等价值,应当分配给同等的权利"④。

在实现公平正义价值的过程中,提供公平的制度这些特殊的公共物品至关重要,同时,对公民公共精神的培养无疑也是达成这一目标的重要的手段之一。密尔在《代议制政府》中指出:"好政府的第一要素是组成社会的人民的美德和智慧,所以任何政府形式所能具有的最重要的优点就是促进人民本身的美德和智慧。对于任何政治制度来说,首要问题就是在任何程度上它们有助于培养社会成员的各种可想望的品质——道德的和智力的,或者可以说(按照边沁更完善的分类),道德的、智力的和积极的品质。"⑤这就说明了,一个好政府的首要标准,不是具体管多少事情,而是把提倡公民的公共精神看成是最重要的事情,并且在对国民公共精神进行教育与提升的过程中,公共权力机关应该起表率作用。当公民大众普遍具有公共精神的时候,他们就会进一步增进对公共利益的认同,并为公共制度的供给与实施提供心理上的合法性认同和支持。

本章复习题

1. 简述公共利益与私人利益的关系。
2. 简述公共政策在利益分配中的价值。
3. 简述制度在公共伦理中的地位与作用。

复习题参考答案

---

①　亚里士多德:《政治学》,吴寿彭译,商务印书馆1965年版,第88页。
②　亚里士多德:《政治学》,吴寿彭译,商务印书馆1965年版,第153页。
③　亚里士多德:《政治学》,吴寿彭译,商务印书馆1965年版,第148页。
④　亚里士多德:《政治学》,吴寿彭译,商务印书馆1965年版,第167页。
⑤　J. S. 密尔:《代议制政府》,汪瑄译,商务印书馆1982年版,第26-27页。

本章参考书目

1. 塞缪尔·亨廷顿:《变革社会中的政治秩序》,李盛平、杨玉生等译,华夏出版社1988年版。

2. 道格拉斯·C.诺思:《经济史中的结构与变迁》,陈郁、罗华平等译,上海三联书店、上海人民出版社1994年版。

3. 王伟、鄢爱红:《行政伦理学》,人民出版社2005年版。

4. 万俊人:《现代公共管理伦理导论》,人民出版社2005年版。

5. 张康之:《行政伦理的观念与视野》,中国人民大学出版社2008年版。

6. J.S.密尔:《代议制政府》,汪瑄译,商务印书馆1982年版。

7. 王伟光、郭宝平:《社会利益论》,人民出版社1988年版。

8. 王浦劬:《政治学基础》,北京大学出版社1995年版。

9. 郑杭生:《转型中的中国社会和中国社会的转型》,北京:首都师范大学出版社1996年版。

第二章
公共伦理中的自由与平等

——本章导言——

　　人生而自由，人生而平等。自由与平等兼具自然属性和社会属性，是人们始终孜孜以求的美好价值理念。在国家治理体系和治理能力现代化的背景下，坚持以人民为中心的价值取向和实施全过程人民民主的过程中，作为行政主体的政府及其工作人员、作为行政对象的社会公众及行政利益相关者，都在致力于最大限度实现行政过程中的自由与平等。自由、平等是公共伦理的重要组成部分，内涵丰富、影响因素众多。政府在公共行政中必须协调好自由与平等的关系，并在此基础上彰显行政公正。

第一节　公共伦理中的自由

　　从政治维度和道德维度审视，作为公共伦理中核心要素的自由理念，始终是人类社会追求的价值目标。无论在公共领域，还是在私人领域，人类对自由的渴望始终是迫切的。

一、公共伦理中自由的内涵

　　自由是现代公共伦理中的核心价值要素。人类认识世界和改造世界的历史进程，本质上就是从"必然王国"转向"自由王国"的过程。马克思曾明确指出，自由自觉的活动恰恰就是人类的特性。[①] 确实，对自由的渴望与追求一直是人类所特有的属性。因此，从人本属性出发，公共伦理中的自由是对作为社会主体的"人"的尊重。这种尊重既是对人性的尊重，也是对"自然准则"和"社会规则"的尊重。自由是社会人的自主内在的愿望，既是社会公民个体意志实现的应然状态，也是公民个体与社会群体的关系状态。在公民社会生活中，自由通常体现为表达自由、言论自由、集会自由等。作为与奴役相对应的概念，公民追逐自由的权利实质上就是为了摆脱各类暴力和非暴力因素的限制。在日常生

---

① 马克思：《1844 年经济学—哲学手稿》，人民出版社 1979 年版，第 50 页。

活中,自由经常被曲解为口无遮拦、肆无忌惮,指向社会个体不受任何约束、不受任何强迫和没有任何勉强的自主状态。

自由是社会公民个体成为实然自我的先决条件。在以反封建和反教会为内容的启蒙运动时期,自由问题因为关涉权力分配、经济组织和道德舆论而成为讨论的焦点。在诸多哲学家看来,多元化的自由是社会繁荣进步的重要标识。[①] 著名哲学家康德从法律维度对自由进行了阐释,认为自由意志在本质上受到理性衍生物"自律"的约束,自由的拓展含义应是作为人、作为社会主体在各自专属的领域中有追求自己预设目标的权利。

古典自由主义思想家穆勒则认为,作为社会主体的人类为了能够进行有效的自我防卫,通常会选择干涉个体的或集体的行动自由。就权利的性质和权利的限度而言,自由指向的则是社会公民个体对政治统治者暴政、肆虐和恣意行径的有效防御;从结果反推,自由既是对抗政治奴役、挣脱道德奴役的活动表征,也是社会公民个体彰显自我存在意识的实践验证。鉴于此,任何社会公民个体都有权参与对自身利益产生影响的公共行政决策。

■ 二、公共伦理中的意志自由与实践自由

在公共行政过程中,确保每位公民享有真正的自由是公共伦理的内在要求,这种自由包括个人的意志自由和实践自由。所谓意志自由是指作为社会主体的个人以认识事物为依据来作出判断和决定的能力。[②]只有拥有自由意志的个人才能够自主设定人生规划、自主决定自己成为什么样的人、过什么生活和怎样生活,能够自主决定以何种态度、何种方式对待社会环境。一般而言,自由观念是通过个人的自主选择能力来呈现的。在公共行政过程中,意志自由通常表现为行政主体能够摆脱既定环境因素限制而具有的相应的自由裁量权,以及行政对象能够超越教条束缚而具有的相应的自主决定权。换言之,公共伦理中的意志自由反映的是作为行政主体的政府及其工作人员、作为行政对象的社会公众及行政利益相关者,能够在法律和行政法规的规定下,自主决定行政相关事务,不受其他任何非法律、政令或条款式因素左右。人类之所以有别于或超越其他一切生物,其中最为关键的因素是意志自由。也正是因为这种独特的意志自由,在行政活动,尤其在行政决策等社会实践中,行政主体、行政对象和行政利益相关者才知道应该/可以做什么、不应该/不可以做什么。基于此,我们可以认为,抉择/决策既是意志自由的构成要素,也是自由意志的具象表达。

在公共伦理范畴内,我们虽然主张行政主体、行政对象及利益相关者意志自由的绝对性,但这种绝对的意志自由也具有相对性。这是因为,伦理维度的意志自由尽管具有极强的主观性,但它的形成、发展与完善仍是一个历史过程,也需要相应的载体和满足相

---

① 彼得·赖尔、艾伦·威尔逊:《启蒙运动百科全书》,刘北成、王皖强译,上海人民出版社2004年版,第48页。

② 中共中央马克思恩格斯列宁斯大林著作编译局:《马克思恩格斯全集(第3卷)》,人民出版社1972年版,第455页。

应的条件才能得以展现。"历史的任何一页都否定那种幻想的和超自然的意志自由。"①

人作为社会主体是应受到限制的存在物,相应的意志自由也应该是有边界和受限制的。这种边界或限制一方面来源于行政机关以及社会主体自身的人生观、世界观、价值观、心理状态、社会地位等有形无形因素,另一方面来自社会层面,如时代背景、阶段实际、发展水平、文化氛围等整体环境状况。基于此,我们可以认为人在生物层面的意志自由为其决断能力、甄别能力的形成提供了基础条件与可能性;要将意志自由从理念转化为实践,必须依托具有规则的社会关系载体,具体对应到人类社会活动中,即国家治理与政府行政现代化中开展的社会实践活动。需要指出,不同社会个体在公共伦理范畴中的意志自由的表现形式各不相同,即便是同一社会的公民个体,其意志自由在行政过程各阶段的展现形式也是动态变化的,会随着行政活动或社会实践的推进而不断发展。

同时,公共伦理中的自由不只是理念层面的抽象表达,自由必须立足实践,通过实践转化的自由才是真正的自由。著名哲学家黑格尔认为,"无知者是最不自由的,因为他要面对的是一个完全黑暗的世界"②。此观点表明,只有以认识世界和改造世界为基础和前提,自由才能够真正得以实现。在此基础上,马克思主义进一步指出,作为社会主体的人只有通过多元的实践活动,才能透过万物纷繁复杂的表象而窥探其中内在的逻辑关联。洞悉外部环境演变中的逻辑主线,寻鉴历史、把握现在并预测未来社会发展的逻辑规律,有利于摆脱包括行政活动在内的社会实践中可能存在的盲目性,从而科学地认识自由、支撑自由与选择自由。

■ 三、公共伦理中的权利自由和能力自由

在行政过程中,作为行政主体的政府及其工作人员、作为行政对象的社会公众及行政利益相关者,都会在不同程度上希望实现权利自由和能力自由,因为权利自由和能力自由原本就是公共伦理中自由的本质属性。和与生俱来的自然属性不同,权利自由作为社会属性的具体表现,其形成是一个逐渐演变的历史进程。

权利自由虽然是人类追求的共同价值,但由于每个个体在社会生活中所处的环境、所拥有的社会地位不同,他们对权利自由的认知也各有差异。"权利决不能超出社会的经济结构以及由经济结构制约的社会的文化发展"③,这表明社会公民个体所追求的权利自由并非同质化的,而是会随着经济社会发展水平、具体现实条件的变化而变化。这既有权利自由形式层面的变化,也有权利内容维度的调整。简言之,权利自由并非抽象的,而是具体的,因为权利自由的范围、程度和标尺是由社会主体所处的历史阶段、国家性质、社会生产力水平和生产关系的整体状况所决定的,这也就意味着权利自由是实在、具

---

① 费尔巴哈:《费尔巴哈哲学著作选集》(上卷),荣震华、王太庆、刘磊译,生活·读书·新知三联书店1959年版,第421页。

② 黑格尔:《美学》(第一卷),朱光潜译,商务印书馆1979年版,第125页。

③ 中共中央马克思恩格斯列宁斯大林著作编译局:《马克思恩格斯选集(第3卷)》,人民出版社1995年版,第305页。

体的。也就是说,社会公民个体所期许的权利自由,必定植根于现实的特定社会环境之中,取决于主体在国家经济、政治、社会、文化和生态结构中所处的位置,与公民的身份、地位有关,而与个体的能力和行为的关系不大。

在行政过程中,无论行政主体,还是行政对象,抑或行政利益相关者在追求权利自由时,除了必须承担法定义务和遵守既定规范外,还要求具备与其所享有的权利自由相匹配的能力水平。对任何社会公民个体而言,国家、社会和法律所赋予的自由权利,首先只是理论层面的可能存在,要想将这种理论层面的可能存在的权利转化为可享受、可支配的实际权利,必须拥有与享受和支配权利相匹配的能力。一般而言,社会公民个体的自由的范围、阈值大小,能够间接反映其自身所具备的能力大小,也是衡量其能力发展水平的标尺。在一定程度上,"能力的发展就要达到一定程度和全面性,这正是以建立在交换价值基础上的生产为前提的,这种生产在产生出个人同自己和别人的普遍异化的同时,也生产出个人关系和个人能力的普遍性和全面性"[①]。因此,行政实践中,社会公民个体通常会竭力追求思想自由、意志自由和行动自由,这是人的类别属性所决定的。相应地,社会公民个体在行政过程中的思想自由、意志自由和行动自由的实现程度,通常是个体本身努力实现理想的动力及能力大小的反映,体现他在突破阻滞因素、化解困难和实际行动等方面具有的能力。

综上所述,在公共伦理与公共行政实践中,如果行政权力既定,那么行政主体、行政对象及行政利益相关者的认识能力、分析能力和实践能力的高低,决定了其所能获取的自由的大小。由此可见,行政主体、行政对象及行政利益相关者在知识、素养、方法和能力等方面的积累,是其所能获取自由的关键性因素。

■ 第二节　公共伦理中的平等

从演进趋势看,将平等理念全面融入公共行政,是行政现代化的内在需求,这是因为,作为行政主体的政府及其工作人员与作为行政对象的社会公众在法律人格、政治原则、民主要求等若干维度上都应该是平等的。在公共行政过程中,必须以平等理念为引领,重视利益平等,确保社会公众享有平等的参与权和监督权。通过完善法律法规

视频:公民监督权

和体制机制增进行政决策的科学性、民主性与法治性,进而使社会利益能够被公平合理地分配,切实提升人民群众的获得感和幸福感,以真正满足新时代人民群众的美好生活需要。这正是公共伦理中彰显平等的理论和实践的意义所在。

■ 一、公共伦理中平等概念的演变

从有文字记载的历史来看,平等的观念一直与中国社会的发展交织在一起。中国自古以来就有"不患寡而患不均"的平等(均)思想。孔子曾说过,"有国有家者,不患寡而患

---

① 中共中央马克思恩格斯列宁斯大林著作编译局:《马克思恩格斯全集(第46卷)》,人民出版社1979年版,第188页。

不均,不患贫而患不安。盖均无贫,和无寡,安无倾"。老子云,"天之道,损有余而补不足";"高者抑之,下者举之;有余者损之,不足者补之"。在中国传统社会里,人们习惯从平均主义的角度去理解平等的观念并身体力行地实践之。历代的农民起义无不打着平等(平均)的口号进行动员以反对专制统治。

在西方,平等概念虽然由来已久,但直至文艺复兴和启蒙运动之后才逐步演变为西欧社会的一种政治理念。

时至今日,提及平等,似乎无人不知,但若要求准确阐释平等,却又难以做到,这是因为流于表象的熟悉并非真知。任何一门知识的学习,通常是以理解概念内涵为逻辑起点的,后续对知识的梳理与积累往往是以前期扎实的概念学习为前提的。

平等,无论是从人们收入平等的意义上,还是从机会平等的意义上来看,它都是一个相对客观的、可以用某种尺度加以衡量的价值或概念。人类社会关于平等概念的认识是一个由浅入深的过程,大致经历了差别平等、形式平等和实质平等三个不同的阶段。

(一)差别平等

在前资本主义阶段,人们对平等的阐释限于差别平等。在人类社会进入资本主义社会之前,人与人因家庭出身、血统分支、性别阶层等自然的或社会的因素而严格地被划分为不同的等级阶层。不同等级阶层的人所感受到的平等是不同的,范围边界极为严格,这就是差别平等。

这种差别平等在古代中西方思想家的论述中可以探寻到印迹。比如,西方著名哲学家柏拉图虽然极力倡导男女平等,但却认为奴隶不该享有与奴隶主同等的权利,这是因为在上帝造人之时就设定了不同类别的人,其身体材质构造是具有差异性的;在铸造统治者时,采用的是黄金,所以统治者稀缺且高贵;在铸造辅助者时,加入的是白银,所以辅助者较多且优质;在铸造农民和技工时,嵌入的则是铜铁,所以农民和技工普遍且廉价。[①]

在古希腊,不同地位的人在城邦社会中享有的平等是有差别的。亚里士多德虽然主张公民应该享有平等的政治权利,但外邦人和妇女因不具城邦公民身份而不能享有同等权利;此外,他还提出了荣誉、金钱和物质分配应与公民的身份地位挂钩,这种比值平等虽然主张正义,但也强调差异性,实质上也是差别平等。

在先秦时期,儒家和墨家也抱持差别平等理念。儒家主张"礼""仁",其中作为目的的"礼"是为维护社会的等级、秩序和差别,作为手段的"仁"相应地也就具有差异性,如出现了类似"爱亲是根本,泛爱众次之,爱天下更次之,层层递减"[②]的论断。尽管墨家主张"兼爱",发出了人人"视人之国若视其国,视人之家若视其家,视人之身若视其身"[③]的倡议,但仍然认为普罗大众与统治者之间是不能平等的,这意味着墨家所主张的平等并未真正跳出差别平等桎梏。

① 柏拉图:《理想国》,郭斌和、张竹明译,商务印书馆1986年版,第128页。
② 宋进、苑申成:《古今之变:中国平等思想的历史局限与现实超越》,《探索与争鸣》,2016年第11期,第104-108页。
③ 墨子:《墨子》,方勇译注,中华书局2015年版,第126页。

■(二)形式平等

在资本主义时代,人们对平等的界定偏向形式平等。形式平等的实质是指资产阶级所谋求的"法律-政治"平等。作为资本主义经济关系的衍生,"法律-政治"平等是对差别平等的否定。恩格斯在论述文明与不平等的辩证关系时,曾指出"文明每前进一步,不平等也同时前进一步"①。

新航路开辟和世界市场建立之后,资产阶级不断崛起并逐步取得了经济统治和支配地位。事实上,资本主义经济关系的维系与运行必须建立在拥有相当数量的自由平等的生产资料所有者,并且这些所有者能够享有自由平等地参与商品市场的机会的基础上,然而"在经济关系要求自由和平等权利的地方,政治制度却每一步都以行会束缚和各种特权同它对抗"②,鉴于此,资产阶级在理论和实践上都想消灭封建特权,为赢得平等的政治权利和竞争机会而革命。

在理论层面,自由主义思想家约翰·洛克从自然状态理论视角出发,认为生命权、自由权和财产权是自然状态下的人不可转让的自然权利。在自然状态下拥有自然权利的人们,凭借契约方式进入人类社会和政治国家后理应享有平等政治权利,且无论何时何地何种情况下都不能被转让和剥夺。换言之,任何人在政治社会中都不拥有任何特权,即便有被授予的权力,也应受契约限制。从洛克时代开始,出现了将平等真正赋予每一个人的理论主张。③

在实践维度,西方资产阶级通常将平等作为革命运动的口号、目标和旗帜。与作为舶来品的自由不同,平等在中国古已有之。秦末陈胜吴广提出"王侯将相宁有种乎?"后,平等成为历代农民起义的口号。

受西方理论家平等思想影响,中国近代资产阶级也将"法律-政治"平等作为追求目标。孙中山先生建构的"三民主义"理论就是其中的典型代表。孙中山引入平等理念阐释"三民主义",认为:民族主义就是争取对外的平等,使国人不受外国欺辱;民权是争取对内的平等,确保民众不受官僚、军阀和豪绅的压榨;民生主义是消除贫富差距,不允许贫富悬殊过大,确保人人有事做有饭吃。④ 其中最重要的是民权平等,孙中山将其视为一种政治要求。⑤ 得益于资产阶级思想家和革命家的探索和宣传,民众应享有平等的政治权利这一思想逐渐被世人所了解并接受,之后被确立为资本主义政府根本性的宪法原则。

就进步性而言,"法律-政治"平等克服了前资本主义时期的自然和社会差异而导致的差别平等的缺陷,人人平等的主张显然是对差别平等的超越。但"法律-政治"平等

---

① 中共中央马克思恩格斯列宁斯大林著作编译局:《马克思恩格斯选集(第3卷)》,人民出版社2012年版,第518页。

② 中共中央马克思恩格斯列宁斯大林著作编译局:《马克思恩格斯选集(第3卷)》,人民出版社2012年版,第483页。

③ 郑慧:《中西平等思想的历史演进与差异》,《武汉大学学报(哲学社会科学版)》,2004年第5期,第618-628页。

④ 孙中山:《孙中山选集》,人民出版社1981年版,第903页。

⑤ 周仲秋:《平等观念的历程》,海南出版社2002年版,第318页。

强调的是权利和机会平等,而忽略了实现平等的过程、能力和途径,因而被认定为形式平等。

■(三)实质平等

进入后资本主义时代,人们开始注重社会再生产过程中关涉的内容要素平等,即实质平等。实质平等是人类普遍的价值追求,是对资产阶级形式平等观的批判性承继和时代性创新。从人类社会进步的总体趋势看,资产阶级竭力倡导并实现的以"法律-政治"为核心的形式平等,默认并接受了社会再生产环节中的若干不平等,这一缺陷必将随着人类社会的进步尤其是后现代化的到来而被修正。

从马克思主义关于现代社会阶级的划分标准来看,有且只有工人阶级才能胜任消弭社会再生产过程中出现的不平等裂痕的任务。因此,以马克思主义为指导思想的工人阶级认为"平等应当不仅仅是表面的,不仅仅在国家的领域中实行,它还应当是实际的,还应当在社会的、经济的领域中实行"①。工人阶级进而认为要实现实质平等,首先必须要消灭阶级,并特别指出"任何超出这个范围的平等要求,都必然要流于荒谬"②。

综上观之,工人阶级显然是将消灭阶级对立等同于消弭不平等裂痕。工人阶级所要求的实质平等是以政治地位平等为基础性前提、以社会地位和经济地位平等为内容要素的,而消灭对立阶级也是为了消除工人阶级和资产阶级之间在社会地位和经济份额方面的不平等,③即在消灭阶级对立之前,平等可能只是如销售商品般贩卖劳动力、无偿榨取剩余价值的代名词,只是流于形式。换言之,要实现"形式+内容"的实质平等,就必须消除阶级对立。

三者相较而言,工人阶级主张的实质平等的涵盖范围更广泛、要素构成更丰富、程度更深更彻底,更能体现先进性和现代性。概言之,实质平等因更符合现代化的文明价值取向,终究会取代差别平等,也必将超越形式平等。

■(四)平等理念在公共伦理中的确立

平等理念要求契约双方或多方在地位、权责、意愿等方面都是平等的,侧重契约相关者的主体性和平等性。就本质而言,引领现代公共行政的契约理念是将私法中的契约应用于公法,目的是通过契约的方式践履行政权,进而达到预期的行政目标。

传统政治学理论过分强调公民参与政治的机会和地位的平等,而忽略了政府机关和公民群体的行政平等问题。在现代法律框架下,无论政府法人还是个体私人,在法律面前都一律平等,都是享有权利和承担义务的主体。简言之,在行政过程中引入契约理念,也就等同于将平等理念纳入其中,这既契合契约精神的外向延展性,也迎合了通过行政促进国家治理体系和治理能力现代化的发展趋势。

---

① 中共中央马克思恩格斯列宁斯大林著作编译局:《马克思恩格斯选集(第3卷)》,人民出版社2012年版,第484页。

② 中共中央马克思恩格斯列宁斯大林著作编译局:《马克思恩格斯选集(第3卷)》,人民出版社2012年版,第484页。

③ 段忠桥:《平等是正义的表现——读恩格斯的〈反杜林论〉》,《哲学研究》,2018年第4期,第9-14页。

实践证明,在行政动议到行政决策的全过程中,如果平等理念缺位,就会埋下利益冲突的祸根,如不及时加以矫正或补救,可能会导致规模性的社会冲突。长期以来,因追求政绩和经济效益的压力,政府机关在行政过程中通常是将社会公众视为信息接收对象,习惯性地漠视社会公众群体的利益诉求、公共事务参与等若干权利的行使。久而久之,就不可避免地陷入矛盾隐患日积月累、官民冲突愈演愈烈的被动局面,一旦有突发性的事件就极易产生不可估量的损失。

在行政中以制度化形式确立平等理念,能够克服传统的"依附型"行政模式的弊端,充分彰显了契约精神与行政现代化之间的深度融合,也是公平正义理念在公共伦理中的体现。概言之,以平等理念引领公共行政,既有益于切实维护社会公众的权益,也有助于消除隔阂与化解矛盾,进而使多元化诉求与共同利益之间更适配兼容。

二、公共伦理中平等理念的构成要素

在公共伦理视域中,平等理念的构成要件十分丰富。其中,人格平等是隐性要素,地位平等是显性要素,权利平等是内核要素,三者共同构成公共伦理中的平等理念。

(一)隐形要素:人格平等

人格是指自然人作为社会成员所具备的在社会中立足的资质或条件,人格平等是其他一切平等的基础和前提。党和政府提出的"让人民生活得更有尊严",从本质上讲就是要保证全体人民成为法律主体的资格是平等的,也就是通常所讲的人格平等。在我国,公民不会因为民族、性别、家庭与职业的不同,也不会因宗教信仰、文化程度和财产状况的不同,更不会因属于城乡户籍、地域分布的不同而享有不平等的人格,只要是遵纪守法的合法公民,都同等地享有法律所赋予的生命权、发展权和幸福权。

在以宪法为中心的法律体系之下,兼具自然人和社会成员属性的公民,既是参与行政的主体,也是行政法律关系中的相对主体,具备与之相对应的法律主体资格。这种主体资格相较于党政机构的法人主体资格,虽然有个体和组织之别,但其法律人格仍然是平等的。换言之,政府机关和社会公民个体之间的法律人格是平等的,作为行政参与者或对象的社会公民个体不附属于行政机关,社会公民个体也不会因为行政机关代表国家行使公权力而成为附庸并居于从属地位,行政机关也不能因为代表国家行使公权力就将社会公民个体当成可以随意利用的工具或资源。

事实上,行政机关在任何时候展开的任何行政活动都应以实现和维护公民的人格权、生命权、健康权、发展权和幸福权为努力方向。值得警惕的是,在中国两千多年的君主专制统治中,等级制度根深蒂固,衍生的官本位思想至今仍有流毒残余,其在现代社会中产生的负面性仍不可忽视。改革开放以来,社会主义市场经济高速发展,西方金融权贵思想对大众产生了强烈的冲击,亟须强化并凸显国家行政机关和社会公民个体之间人格平等的思想。

(二)显性要素:地位平等

地位平等实质上是社会平等,指向社会公民个体在社会再生产中的经济、政治、文化等诸多领域内的平等。以往的行政履职行为大多呈现出较为显著的线条性、命令式、服从性特征，以至于既有的理论研究认为，国家行政机关和社会公民个体之间并非平等关系。在国家与社会关系中，政府承担了元治理的角色，展现出其强大的主导地位；作为服务对象或参与者的公民个体，则扮演着从属者或服从者的角色。然而，平等理念是法治现代化的核心原则，地位平等是现代化发展中的必然趋势。

行政机关和社会公民个体之间虽然功能角色不同，但双方在社会中的地位应是平等的，即都是行政中的平等主体。辩证地看，行政机关和社会公民个体在享有权利和承担义务方面，会随着行政中法律关系的动态变化而呈现阶段性差异变化。

行政主客体在权利义务方面的不平等，不等同于双方地位的不平等。受限于认知偏差，在行政实践活动中，政府与公民个体对地位平等的认同仍有差距。拥有公权力的行政机关通常具有天然优越性而自觉"高高在上"；相对而言，社会公民个体却在潜意识中因无权无势而自觉"低声下气"。所以，政府在处理公共行政事务关系时，要引导并规范权力与权利的互适与互动。

■（三）内核要素：权利平等

权利平等通常是指在法律面前，所有社会公民个体一律平等，法律倡导的权利平等是平等理念的重要内容。具体而言，权利平等实质上要求所有公民个体享有平等的权利。这既体现为立法、司法、执法和行政各环节的程序公正，也体现为法律维度的"权利-义务"、行政维度的"权力-责任"等方面的同等待遇。在一般行政关系中，政府公职人员与普通公众的权利分配实质上是不平等的。这是因为，政府工作人员要履行政府职能而占据更多权益并处于优势地位，这与法律规定的行政主客体之间的平等地位关系是相抵触的。虽然政府工作人员被赋予了立法监督、决策命令、处罚执行等权力，但与之相对应的社会公民个体也依法享有自由安全、经济文化、参与监督、决策知情等权利。

我国宪法和法律明文规定，任何政府及其工作人员不得以公权力的优势随意限制公民个体依法依规享有相应的权利。例如，任何政府及其工作人员不能以代表国家利益为名而行恣意剥夺公民合法权益之实，政府执法职能部门及其执法人员更不能随意强制限制社会公民个体的人身自由权或任意剥夺其财产权，也不能无故以保密为由而限制社会公民个体应该享有的公共事务知情权、参与权与监督权。须知，真正实现公共伦理中的平等，是以政府工作人员、社会公民相互尊重和维护对方的权利为前提的，要在行政过程中自觉践行平等，在法律体系中自觉体现平等。

■ 三、公共伦理中平等理念的内在要求

公共伦理中的平等集中表现在决策平等方面。决策平等是公共行政核心环节，决策得当与否将直接决定着公共行政的质量。平等有效的行政决策有益于助推经济社会高质量发展，失误偏颇的行政决策则会增加经济社会的运行负担，重大决策失误甚至要付出沉重代价。鉴于此，政府亟须通过革新理念、完善制度体系，构建民主、科学和高效的

行政决策机制。概言之,以平等理念为引领,既有助于推进行政决策的科学化与民主化,也有益于彰显决策环节的科学性与公正性。

■ (一)利益平等:在行政决策中实现平等的核心要求

作为调节与分配利益的最重要的工具,行政决策和其他决策的最大区别在于,行政决策始终将实现公共利益作为价值取向和最高目标。著名政治学家戴维·伊斯顿将政府决策视为对社会利益进行权威价值分配的手段。换言之,行政决策过程的本质就是政府分配社会公共利益的过程,即将具有共享性的公共利益和具有独享性的个体利益进行合理公正的分配。①所以,行政决策既要确保社会各主体能够共享公共利益,又要兼顾群体的共同利益、公民个体利益,因为合理配置和有效实现三种利益类别是验证决策可行性的标准。

随着社会主义市场经济体制的建立和改革开放向纵深推进,我国的社会利益格局发生了深刻变化,多元利益主体提出了多样性的利益诉求。而在"摸着石头过河"的过程中,囿于改革配套机制尚不健全等现实问题,社会转型过程中利益分化越来越严重,多元利益主体之间的矛盾与博弈此起彼伏。例如,可能存在部分社会公民个体应有的合法权益遭到侵害,甚至由少数利益集团或不法分子假借国家集体之名对普通公民个体的合法权利进行限制。

"行政就是服务",从执政党的宗旨和初心使命看,中国共产党始终坚持全心全意为人民服务,始终致力于人民幸福、民族复兴和国家富强,马克思主义政党属性和社会主义的本质要求行政机关及其工作人员在决策实践中必须时刻以增进人民福祉为始发点和落脚点。

行政机关及相关职能部门在行政决策过程中,必须把社会公民个体的合法权益及获取利益的平等性作为开展政务服务工作的关键来抓,确保公民个体都能够被一视同仁和受到应有的尊重,这正是行政决策过程中秉持平等理念,并实现地位平等和权利平等的内在要求。

■ (二)信息公开:在行政决策中实现平等的基本前提

平等地获取政务服务信息是公共伦理中的"平等"的重要诉求。在现代社会,政府信息原则上都要求公开。政府机关在行政决策过程中始终坚持信息公开原则是遵循平等理念的内在要求和具体体现。

从利益博弈角度看,行政决策实际上是多方利益相关者相互博弈的过程,而决策信息的公开透明和博弈相关方都能对称性地获取政务信息将直接影响博弈过程的合法性和结果的公正性。行政机关作为决策主体具有行政权力,其相关组织和个人能够更便捷地获取决策信息,这就造成了信息不对称的客观实际,进而可能导致行政机关及其工作人员在决策目标的确立、标准设定和方案选择过程中进行强势操控。

然而,作为行政对象,社会公民个体虽不具有决策权,但按照法定的地位平等和权利平等原则,也应平等地享有信息获取和决策知情权。在行政过程中,利益相关主体因利

① 刘悦、陈建先:《政府公共决策利益博弈的抉择》,《成都行政学院学报》,2011 年第 6 期,第 9-11 页。

益诉求和衡量利益得失,都想竭力获取充分的行政决策信息,希望通过对称的决策信息精准研判利弊得失。同样,社会公民个体对政府决策行为进行公正性的评判或提出意见建议,也需要以充分掌握信息为基本前提。所以,政府机关在行政决策的全过程中,必须及时、全面、准确地向社会公众发布决策信息通知,对所有社会公众一视同仁,不搞差别化对待。尽可能确保所有社会个体、利益相关主体都能够在法定权限内同步获得相关信息;同时也要确保作为行政相对人的社会公众能够依法、及时、准确地获悉与自身利益密切相关的权利、责任、义务等各类行政信息。概言之,行政机关在行政决策过程中,必须确保各类主体平等地、通畅地接收到各类决策信息。

■(三)公众参与:在行政决策中实现平等的实践指向

相关行政法明确阐释了平等理念,即在法律面前,行政主体和行政客体都是平等的社会主体,二者的法律地位和法律人格相同。换言之,就是在行政法律关系中,作为行政客体的社会公众是具有独立人格的主体,不是受行政公权任意支配遣调的附属客体。[①]这在行政决策过程中具体表现为,作为利益相关者的社会公众应始终以平等的主体身份自觉能动地参与行政决策活动,作为行政主体的行政机关则应尽可能确保行政客体公平公正地获得参与行政决策的机会。

在行政决策的过程中,行政机关应始终以兼顾公共利益、共同利益和个人利益为原则,以追求社会大众、组织集体和公民个体利益的共赢为目标。确保各方利益相关主体都能够在平等的基础上有效表达合理诉求,并能通过构建民主决策机制、利益协调机制维护自身的合法利益,确保诉求表达能够被充分尊重,降低利益冲突程度,进而实现各方利益较大化。

进入新时代,我国社会公众个体对全过程人民民主的理解和认知越发深刻,在参与行政事务的过程中,为谋求自身利益,相比公共政策客体身份,他们更倾向在相关公共政策的制定、执行和反馈过程中发挥自身的主动性与能动性,更加充分阐释表达和实现自己的合理诉求。[②] 在此情境之下,作为行政主体的政府及其工作人员应积极为民众搭建利益表达和利益磋商的制度平台,让民众充分参与行政决策,进而实现普惠共赢。政府机关引导民众平等地参与行政决策过程,有助于规避政府理性不足的缺陷,有益于增强行政决策的科学性、合法性与先进性。与此同时,因为利益相关方都能充分地表达各自的诉求,政府机关更能够在充分掌握信息的基础上更好地协调各方利益,促进多元利益主体达成共识,进而以各方利益共赢/多赢解矛盾、促和谐。

■(四)公众监督:在行政决策中实现平等的有效途径

行政机关和社会公民个体,享有平等的权利并承担相应的义务,但双方的权利与义务各有界限,这就决定了这种平等并非完全对等,而是以平等为基础的并行不悖,互不干涉。

---

① 姜明安:《行政法与行政诉讼法》,北京大学出版社 2005 年版,第 63 页。
② 肖顺武:《论公共利益实现的文化困境》,《清华法律评论》,2011 年第 5 期,第 59-68 页。

在政府行政决策的过程中，行政机关享有法律赋予的行政决策权，社会公民个体也享有法律赋予的行政决策监督权。作为行政决策主体的行政机关工作人员通常是具有决策理性的，但这种决策理性在实践中经常出现偏差甚至异化。这是因为，某些侧重经济理性的公职人员可能会为了满足生存、发展或晋升的需要，在行政决策中经过利弊权衡将国家公共行政权力当成私权，利用公权力追逐私利和满足私欲。在这种情形下，行政决策者所代表的就是个体利益或特殊利益集团的利益。在私利驱使下，他们不惜违背公权力的公平正义属性而作出失之偏颇的非正义决策，甚至给非正当性分配方式披上制度化的合法外衣，这种制度化常态化的非正当利益分配显然严重违背了行政决策的初衷与目标，必然会对公共利益造成严重损害。

另外一种情形是，基于"有限理性"的理论阐释。作为行政决策主体的决策者囿于知识结构、能力水平、履历经验等主客观因素的限制，对各种纷繁复杂信息的捕捉、收集、整理和加工也存在片面性，这势必会造成政府公共决策的局限性。然而，政府行政行为牵涉面广，一旦行政决策的导向与尺度同公共利益相背离，必然会导致系统性的社会治理风险。为规避风险，除了运用法律法规或公共政策进行约束之外，社会公众的监督是最直接、最广泛和最有效的手段。

政府的决策过程接受社会公众监督，就有可能从源头上发现有失公允的问题点，能够在过程中发现偏差走样的演进路径，进而能够切实有效地降低风险并最大限度地确保公共利益。此外，从权利义务的角度审视，行政机关在享有行政决策权的同时，也应自觉履行接受社会公众监督的法定义务。概言之，在行政决策的过程中，为确保和加强决策的公正性、合理性和先进性，政府要畅通监督渠道、完善监督机制，常态化、制度化地接受社会公众的监督，这也是在公共行政中彰显平等的有效途径。

此外，平等作为行政决策的理念和原则，要通过践行才能真正落到实处。在行政决策中贯彻平等理念和原则，既需要明晰决策主体的多元分布状况，疏通利益相关主体的利益表达渠道，均衡多元利益主体之间的角力博弈，从源头强化利益的公平、正义和合法性；也需要通过健全社会公众个体参与行政决策的制度机制，牢牢把握全过程人民民主的理论逻辑，确保参与决策的公众的信息知情权、事务商议权及司法援助权。只有从制度与法律维度来保障社会公众参与行政决策，才能增强决策的真实性和有效性。此外，还需要持续调适优化行政决策监督的绩效考核机制和责任追究机制，以全过程、全方位监督规避行政决策者因轮值换岗、职务升迁或退休而脱责的可能性。

第三节　公共伦理中的公正：自由与平等间的平衡

自由与平等都是人们追求的美好价值，但自由与平等之间也有内在的紧张关系。对自由和平等任何一方的过度追求，都是以牺牲另一方为代价。正是在自由与平等的这种微妙平衡中，公正成了人们寻求的理想状态，它旨在调和并维护这两者之间的和谐共存。

一、公正的理论溯源

"公正"一词，涵盖了"公平"与"正义"两层意思，其核心意旨是确保每个人能够得到他(她)所应该得到的利益。① 我国关于公正的相关论述可以追溯到先秦时期的诸儒学贤达。他们一致认为,执政者在治理国家的过程中是否始终秉持正义原则,是否能够公平地处理公共事务,与普罗大众的切身利益息息相关,直接决定着民心向背和国家兴亡。被称为"亚圣"的孟子曾有"从道不从君"的主张,提出了"君有大过则谏,反复之而不听则易位"的论断。意思是如果君主有大过错就要规劝他;如果反复规劝了还不听从,就可以把他废弃掉。这意味着,早在两千多年前,儒家先贤就提出了在治国理政的过程中可以基于道义维度限制执政者的裁量权。唯有如此,国家的行政才能既符合道义规制,又体现对正义原则的坚守。荀子曾指出,"上公正,则下易直矣"。意思是君主公正无私,那么臣民就坦荡正直了。简言之,就是应该上正下直,以上率下。此外,荀子还提出"正义直指,举人之过,非毁疵也"的观点。意思是君子尊崇别人的德行,赞扬别人的优点,并不是出于献媚;依照正义的标准,直接举出别人的过失,也不是诽谤挑剔。

在中国古代的典籍中,"正"往往与"中"紧密相连。"'中'意味着不偏向某一个现成的位置或端点,不是指向某种现成的存着点,而是在不同的位置或端点之间展开连接、通达的可能性。"②《周易》中有"得尚于中行,以光大也""中以行正也"。意思是,如果能够始终坚持公正,就能赢得民心,因得道多助而拥者众;倘若对公正把握的尺度失之偏颇,长此以往就会失去民心,因失道寡助而逆者多。

当然,中国古代关于公正思想的论述非常丰富,不胜枚举。上述先贤在不同时期对"为政"本质的理解都围绕"中"或者"正",意在提醒执掌政权者,对"过"与"不及"两端的意见都要把握好,要采用不偏不倚的中正之道来管理百姓,这样才能长治久安。

在西方社会,"正义"这一观念尺度有悠久的历史渊源,可以追溯到古希腊时期。著名哲学家柏拉图将"正义"界定为"每个人作为一个人应当只做适合他的本性的事情"③。简言之,就是在社会运行中的每个人应该各司其职、各尽所能,不能去干涉插足别人的事务。亚里士多德从分配和交换的角度出发,对正义进行了阐释和解读,认为"城邦的正义关系到两个因素,一是事物与应该接受事物的人;二是相等的人应配给到相等的事物"④,实际上是将分配正义视为普遍性正义或政治正义。著名哲学家西塞罗将正义界定为"使每个人获得其应得的东西的人类精神意向"⑤,这显然是从功能与效用视角进行的解读。

中世纪著名哲学家托马斯·阿奎那在亚里士多德观点的基础上,提出了分配正义和平均正义两种正义形态,并强调正义的关键在于以个人的社会地位为标准进行适当的分配。著名政治学家托马斯·霍布斯在探讨正义思想时,注重交换正义在实现社会正义中的重要性。这是因为,在古希腊时代或者在西方进入近代社会之前,分配通常是政府行为/政治行为,而到霍布斯生活的年代,交换行为发生了重大变化,所以诸多理论家都产生了应限制政府职能的思想。著名学者约翰·罗尔斯在其代表作《正义论》中明确指出"正义是社会制度的首要价值"⑥,并强调应将正义置于公正的语境下来理解。政治学家

---

① 约翰·穆勒:《功利主义》,唐钺译,商务印书馆1957年版,第65页。

② 陈赟:《中庸的思想》,浙江大学出版社2017年版,第33页。

③ 柏拉图:《理想国》,郭斌和、张竹明译,商务印书馆1986年版,第154页。

④ 亚里士多德:《政治学》,吴寿彭译,商务印书馆1965年版,第148页。

⑤ E.博登海默:《法理学——法哲学及其方法》,邓正来、姬敬武译,华夏出版社1987年版,第253页。

⑥ 约翰·罗尔斯:《正义论》,何怀宏、何包钢、廖申白译,中国社会科学出版社1988年版,第1页。

罗伯特·诺齐克认为,权力的平等原则能够真正体现权力正义和权力公正的源头和起始,这种正义就是"权利正义"[①]。

综观古今中外,思想家都十分关注执政者在治国理政的过程中是否真正具备公正的德行。从原则遵循和逻辑理路审视,坚持公正不在于从道德层面去规范被统治者,而在于对执政者的理念、方式和行为进行有效约束。这是因为公正并非抽象概念,而需将其置于具体的场域之中去理解,即国家、社会对公民个体的权利与义务进行分配的公正。因此,公正应是执政者在治国理政过程中必须遵循的道德准则。在我国现阶段,推进国家治理体系和治理能力现代化进程中,公正也是德治、法治和自治"三治"融合中所应遵循的重要原则。

当前,公共伦理中的公正备受各国政府和执政主体的关注,成为国家治理和社会运行中所追求的道德理想与价值目标。治国理政中的政府职能行为通常蕴含着大量的伦理表征与伦理现象,由这些伦理表征与伦理现象共同构成了公共伦理,它是国家治理过程中所应遵守的道德规范。在现代国家治理中,行政公正的执行尺度将直接影响人民群众对政府及工作人员的评价,也会影响人民群众对公共政策的公共性、人民性与合法性的认同。公共行政唯有立足公正,才能贴合公众的真实需求,才能有效提高政府行政能力,才能有效推动经济社会的高质量发展。因此,从公共伦理的角度审视公正,必须将社会公正的理念融入政府职能部门的行政实践中,才能真正实现理念与行动的统一。在公共行政活动中,要真正彰显公正,作为服务载体的政府职能机构和作为服务主体的行政工作人员就要始终如一地坚守包括自由、平等、诚信、服务等能够体现公正的道德原则。

■ 二、坚持自由原则彰显行政公正

人生而自由。自由通常被视为天赋的政治权利,但自由无疑是有限制的,如果作为个体的社会人的自由是无度无界的,那么就会出现自由被自由所困的情形,即一个人/群体的自由可能会伤害另一个/群人的自由。在实践中,政府部门为了保护个体应有的自由权而对其他个人的自由进行了限制约束,就有可能因过度限制而矫枉过正。鉴于此,西方思想家主张政府部门在行政执法环节,注重自由并尊重自由。孟德斯鸠以意愿和法律为标准对自由进行界定,认为自由是一个人能够做自己愿意且能够做的事,而不被强迫去做不愿意且不能够做的事,能够拥有做法律所允许做的一切事情的权力,不能够做法律所禁止的事情。[②]

法国在大革命时期颁布的纲领性文件《人权宣言》则从权利损益的排他性出发界定自由,认为真正的自由应是每个个体在不损害他人利益的前提下享有从事一切行为的权利,行使权利的个体必须以确保别的社会成员享有同等权利为界限和底线。换言之,个人自由和他人自由是相辅相成、对立统一的。亦即个人自由的实现必须以尊重和确保他人的自由为前提。如若不然,个人自由将无法保障。由此观之,没有绝对的自由,只有相对的自由。即便是被标榜天赋的神圣的自由权也应受相应的法律法规的

---

① 孙友祥:《行政公正论》,《武汉交通管理干部学院学报》,2002年第2期,第11-15页。
② 孟德斯鸠:《论法的精神(上)》,张雁深译,商务印书馆1961年版,第154页。

约束,也应受社会公序良俗的约束和监督。政府机关在尊重和保障自由的过程中,应尽量把握好规制的尺度,对社会个体的自由选择和自由活动进行适当约束,从而确保更多社会成员享有自由。

在行政过程中要真正体现公正,就必须坚持行政自由原则。所谓行政自由,是在行政事务相关实践活动中,政府机关、公务员和人民群众都是具有独立人格的自由主体,他们所享有的权利都是平等的,而政府机关的行政职责是确保主体与客体之间享有平等的自由权利。在公正视域下坚持自由原则,意味着行政全过程必须用好民主集中制,既要坚决反对"一言堂"式独断专权,也要坚决与假借民主之名而行放任自流之实的"不作为"现象作斗争。因此,公正视域中的行政自由也是有限度的自由。

对政府机关而言,在履行职责过程中展开行政实践活动要以体制机制、政策法规和行业准则为参照依据和规范准绳。而这些具有依据和规范性质的具体条文就须体现正义的属性,既要反映实体正义,也要呈现程序正义,才能真正实现公正范畴下的自由目标。反之,假设这些具有政令性质的条文违背了公众的意志、权益及诉求,那么它就是披着公正自由的外衣、行剥夺之实的非正义的攫取性工具,这些倒行逆施也必定会被历史的滚滚洪流和人类现代化的车轮所吞噬碾压。

对政务主体而言,公务人员既是国家公权力的掌握者,也是国家公权力的运用者。《中华人民共和国宪法》总纲明确规定,一切国家机关和国家工作人员必须依靠人民,争取人民的支持,经常保持同人民的联系,倾听人民的意见和建议,接受人民的监督,努力为人民服务。这表明,我国的一切权力都是属于人民的,人民才是国家真正的主人,政府及其工作人员应以为人民服务为己任。

中国共产党自成立之初就确立了全心全意为人民服务的宗旨,毛泽东在张思德同志追悼会上进一步阐发了中国共产党的任务就是解放人民和为人民的利益而奋斗;邓小平在廓清社会主义本质的基础上提出了"三个有利于";江泽民明确要求要顺应满足人民的要求和愿望、取信于民,这样才能赢得主动和取得胜利;胡锦涛提出了以人为本的核心立场;习近平提出了以人民为中心的根本立场。

从本质规定性层面审视,行政自由中隐含着为人民服务和对人民负责思想,无论政府机关还是公务员都要始终尊重作为主人翁的广大人民群众的独立人格,懂得尊重和体谅他们的感受和选择。如若借助人民让渡和国家授予的权能权柄在广大人民群众面前作威作福,对人民应享有的自由空间和自主选择权进行横加干涉甚至削弱剥夺,显然就与真正的自由民主相违背了。这既损害了国家公民的自由权利,也违背了民主自由、公平正义的现代公共行政精神。概言之,在现代公共行政领域,要彰显与体现公正伦理,政府机关及其工作人员必须以确保人民实现自由权利为工作的着力点,只有自由得到实现,行政的公正性才算真正落到实处。

■ 三、坚持平等原则彰显行政公正

作为一种理念,公正与平等密切关联,平等在某种程度上甚至被视为公正的具体呈现形式。正如亚里士多德所说,"公正即平等,不公正就是不平等"。因此,在行政过程中,要真正体现行政公正就必须坚守平等原则。然而,如若片面地将公正理解为平等是失之偏颇的。因为平等理念只是公正原则的一种具体形式,是从属于社会公正原则的。法国《人权宣言》就明确将平等界定为人人能够享有相同的权利。

我国的《辞海》中也强调,平等是人与人之间在经济、政治、文化等方面处于同等地位,享有同等权利。每个公民都是社会的一员,也是国家的一分子,都享有共同参与国家治理、共同管理国家事务和平等获取社会利益的机会。所以,所有公民应享有的权利和机会都是平等的。但这里所指的平等并非整齐划一的绝对平等。如果按照完全平等原则来审视基本权利,那么在政治层面,每个个体在决定国家政治命运方面都享有完全同等的权限;在经济层面,每个个体不再以劳动量或贡献度为标准享受社会物质分配,而是以基本需求为标准享受分配。很显然,这种标准因为超越了现阶段发展实际,是难以实现的。在推进国家治理体系和治理能力现代化的实践中,社会治理中的行政行为应当切实遵循平等原则,以确保行政的公正性。在这一过程中需要正确处理好以下几个方面的关系。

第一,全过程人民民主视域中的公民政治参与问题。民主化是人类社会迈向现代化的必然趋势。民主指的是人民享有参与管理国家事务和社会事务或自由发表意见的权利,也就是人民能够平等、自由地参与国家的经济、政治、文化等各类事务。行政的本质既是行使公权力的过程,也是服务民众的过程。因此,国家机关及国家工作人员在行政过程中必须坚持以人民为中心、遵循人民利益至上的原则,切实保障公民参与政治生活、管理社会事务和监督政府行为的基本权益,贯彻实施从决策到监督的"全过程人民民主":一是民主的主体要"全",必须将"全体人民"都纳入民主过程,要特别注重从体制和机制上解决弱势群体、边缘群体缺乏参与渠道的问题;二是参与的内容要"全",人民希望尽可能参与国家政治生活的方方面面的公共事务,大到国家的立法,小到邻里之间鸡毛蒜皮的小事,都可以通过民主的方式来加以解决;三是覆盖的范围要"全",要构建环节完整的民主体系,从立法、行政到社会生活,从中央、地方到基层,都要建立民主选举、民主决策、民主管理和民主监督的民主制度;四是民主的流程要"全",既要重视民主选举,也要重视选举后的治理,要形成民主程序上的闭环,不能像西方民主那样"人民只有在投票时被唤醒、投票后就进入休眠期"[①]。就目前而言,政府行政工作应侧重于建立健全协商民主制度、优化协商民主的渠道和平台、完善政务事务公开机制、调适行政程序化规范化流程,从而确保公正行政和维护公民政治权利。

第二,妥善处理"上级-下级"和"官员-民众"的基本关系。从本质上来说,在现代社会中,上级与下级、官员与民众之间的社会地位是平等的,无论是在法律法规面前,还是在遵守政策方针、规章制度层面,均平等享有基本的权利,且都要履行与权利相对等的义务。比如,政府机关要求社会成员做遵纪守法的好公民,同样地,政府机关在履行行政职能的过程中也必须时刻严格遵守法律,任何情况下都不得触碰法律的红线,政府工作人员也同样必须在法律法规的既定框架之下履职尽责。简言之,行使公权力必须在遵守党纪国法的前提下,按照法定规程操作。无论哪级政府、无论身居何职,在党纪国法面前都是平等的,任何组织、任何个人都不能凌驾于宪法和法律之上。此外,政府工作人员在履职尽责的过程中,应事事处处以人民的利益为出发点,坚持不徇私枉法、坚决不弄虚作

---

① 谈火生:《"全过程人民民主"的深刻内涵》,《人民政协报》,2021年9月29日,第8版。

假,公正地行使职权,既要公正地执行政策法规,也要适度尊重传统习俗,体现"法理不外乎情"的人文关怀。原则上要坚持尺度如一,不搞特殊。

第三,合理设定行政人员"权力-责任"与"权利-义务"的基本边界。在社会生活中,权力与责任、权利与义务是对等的,拥有多大的权力也就需要承担多大的责任,享受权利的同时也要履行相应的义务。政府工作人员在处理行政事务过程中,不能将权力视为"自留地",不能将权力作为盘剥掠夺他人权利的工具,也不能将权力用于谋取私利,不逾矩不寻租、不妥协不放弃,必须在宪法和法律规定的范围内使用权力这一国家公器,时刻谨记行使权力是为了最大限度地保障公民享有应有的权利,这就是与权力相对等的责任,亦即权责平等。同时,公民大众也要在依法享受权利的同时,依法履行自己应承担的义务。现代社会,法是以权利为本位的,管理和治理本质上都是为人民服务的手段。鉴于此,应通过完善制度和健全法制,对公职人员在行政履职中可能关涉的权力与责任、权利与义务进行制度设计,既保证公职人员依法履行行政的权力,又对其所掌握的公权力进行适度制约,在最大程度上保证公正与平等的融洽性,确保作为服务对象的公民群体能够平等地行使法定的权利,并享受政府相关职能部门及作为服务主体的公务人员的优质服务。

综上所述,作为价值理念和行为准则的行政公正,对实现国家善治和社会良性健康发展具有重要价值。这不仅有益于社会发展目标的实现,而且对维护良好的社会秩序也大有裨益。在现代行政语境与场域中,政府及其工作人员理应在理念维度、制度层面和履职环节等全过程中为实现行政公正而努力,自觉坚持践行自由、平等、诚信、公正等理念,力争为行政服务对象提供高效优质的服务内容,不断提高为人民服务的觉悟、能力和水平。

本章复习题

1. 简述公共伦理中自由的实质与属性。
2. 简述公共伦理中平等理念的要素及要求。
3. 简述如何在兼顾自由与平等中凸显公正。

复习题参考答案

本章参考书目

1. 塞缪尔·亨廷顿:《变革社会中的政治秩序》,李盛平、杨玉生等译,北京:华夏出版社1988年版。

2. 张康之:《行政伦理的观念与视野》,中国人民大学出版社2008年版。

3. 王浦劬:《政治学基础》,北京大学出版社1995年版。

4. 王云萍:《公共伦理学论纲》,社会科学文献出版社年2018版。

5. 克里斯蒂安·维古鲁:《法国行政伦理理论与实践》,张欣玮、张亦珂、周佩琼等译,上海译文出版社2019年版。

6. 特里·L.库珀:《行政伦理学手册》,熊节春译,中国人民大学出版社2020年版。

■ 第三章
公共伦理中的权利与义务

————本章导言————

　　在社会生活中,每个人都扮演着一定的角色,并通过与他人的交往而建立各种联系。从伦理学的角度看,社会对人的每一角色和身份都会有一定的规范和要求,这些规范和要求就构成人们的职责和义务。具有一定角色和身份的人履行自己的职责和义务,同时也能获得权力与权利。正如黑格尔所言,"通过伦理性的东西,一个人负有多少义务,就享有多少权利;他享有多少权利,也就负有多少义务"①。伦理关系反映了社会生活中的人的职责、权力、权利及义务是什么,以及人们为什么具有这些职责、权力、权利和义务。其中,主体应履行的职责和义务就是伦理中的义务,而主体应该享有的权力和权利就是伦理中的权力和权利。因而,从一定意义上可以说,在现代社会,权力与职责、权利与义务关系都是公共伦理不可回避的核心内容。

■ 第一节　公共伦理中的权力

　　公共权力与公共伦理之间具有密切的关系。公共权力运作的规范性、正当性与合法性关系到公共权力和公共责任的平衡,也关系到人民权利与义务的平衡,是重要的公共伦理问题。人们生活在一个由制度所规定的社会关系网络之中,公共权力的主体和客体构成了一种规范性很强的社会关系。权力主体凭借权力的强制性、合法性或者掌握资源的分配权对客体产生一定的影响,进而实现治理目标。公共权力是国家意志的体现,是通过权力主体的确定、权力的获得、权力的配置来调控社会关系、处理公共事务、服务社会公众的。从公共伦理的角度对权力进行分析,树立正确的权力观,引领公共伦理权利和义务的平衡,是公共伦理学的重要内容之一。

---

　　① 黑格尔:《法哲学原理》,范扬、张企泰译,商务印书馆 1961 年版,第 172 页。

一、公共伦理中权力的含义

在古代汉语中,《说文》将"权"字解释为"黄华木",并从"木藿声"的角度进行了解释。随后,它被引申为"决定性因素""秤砣"等。孟子的"权,然后知轻重;度,然后知长短"一语,暗示了权衡和智谋的概念,将权力概念延伸到治理的范畴,自此,权力一词就被理解为"能够强迫某人做事情的力量",并被广泛使用。直至今日,权力通常被定义为人们在其职责范围内,为实现某种目标而具有的领导、指挥或支配能力。权力的存在改变了人与人之间的关系,并且具有多层含义。

在能力层面,权力体现为影响、支配和控制力,用于管理和组织活动以实现既定目标。在制度层面,权力是根据管理需要进行制度配置所产生的结果,是管理组织在制度支持下设置的工具之一。同时,权力也是组织内部或社会关系中的职位和职权,是阶层分类的依据,在社会中发挥着重要作用。在社会层面,权力是人类社会管理体系的重要组成部分,是普遍存在的社会现象。权力的实施会产生预期或非预期的反应和结果,影响着社会系统的控制中心。在价值层面,权力被视为一种稀缺资源和一种价值形式。然而,权力也存在变异的可能,当权力被滥用或无节制地扩张时,其价值就会被削弱。因此,树立正确的权力观至关重要。

二、公共伦理中权力的特征

在阶级社会中,公共权力是统治阶级意志和利益的具体体现,也是社会活动中的主导力量。在我国,公共权力代表国家和人民的意志,是社会组织运作和社会关系调整的决策基础,同时也是公共事务管理的核心。

从公共伦理学的角度来看,公共权力具有以下特点。

(一)公共性

公共性是公共权力的核心属性,也是其最基本的特征之一。公共权力来自人民的同意和授权。政府作为公共权力的主体,其责任是代表公民意愿、维护公共利益和社会秩序。没有人民的支持,公共权力便无法行使。公共权力须体现人民的共同意愿,旨在维护人民的整体利益和福祉。这意味着公共权力的行使必须以人民的授权为基础,应遵循维护公共利益的原则。公共权力来源于人民,所有者是一定国家或区域的人民群众,而非个人。因此,任何个人都不能独自占有公共权力。

在我国,虽然《中华人民共和国宪法》明确规定了公共权力的公共性、人民性,但受传统政治观念的影响,公共权力真正的公共性尚未完全实现。一些权力获得者错误地将权力视为领导机关甚至个别领导者的私有物,而非人民共同所有。在缺乏公共性的情况下,要使权力行使符合公共利益和公共伦理要求变得相当困难。因此,如何确保公共权力的公共性,是一个亟待解决的关键问题。

(二)有限性

公共权力的契约性与人民性决定了公共权力必须受到应有的制约。公共权力的宗旨是服务公众和提供社会福祉,这决定了它会受到更为严格的约束。从横向看,公共权力通常被划分为立法权、行政权、司法权等,它们相互分工、相互制约、相互协调、相互合作。从纵向看,公共权力可以按照管理层级进行分解,每一级都对应相应的权力,但这些权力都是有限制的,超越权限范围就属于越权行为,可能引发职权交叉、管理混乱、职权滥用以及贪污腐败等问题。权力的有限性是不容置疑的。然而,有些公共权力的边界并不清晰。近年来,一些领导人滥用职权的案例都与权力被滥用、超越其应有的限度有关。因此,要树立公共权力有限性的理念,必须界定各种权力的边界。

■(三)强制性

公共权力的实施必然涉及权力主体和被管理者之间的关系,以及权威和服从的问题。公共权力的强制性不仅来自外部的压力,也来自由此产生的内在规范和导向。

作为代表公众利益、维护社会秩序、增进社会公益的权力,公共权力相对于专制权力、独裁权力来说要温和许多,但并不意味着它没有强制性。当社会秩序混乱、公众利益受到侵害时,公共权力必须具备强制性以维护正常社会秩序和保护公众利益。在各种社会矛盾和冲突中,国家必须建立健全一定的生产生活秩序,而这离不开公共权力的强制性。强制性可以被视为公共权力的一种自我保护机制,失去了强制性,公共权力就失去了存在的基础,无法履行正常职能,也就名存实亡了。

公共权力的强制性源于其合法性。需要注意的是,公共权力之所以可以使用强制手段是因为它是国家权力,主要适用于公共领域而不是私人领域。因此,在使用公共权力时,需要区分三种功能状态,即权力盲区、消极权力和积极权力。在正常情况下,公共权力不得进入某些生活空间,尤其是私人空间和领域,在这些空间不得使用强制手段,这被称为权力盲区;消极权力是指公共权力的行使要秉持不干涉、不干预、不主动介入的态度;积极权力则是指公共权力在必要时,可以采取措施主动保护、干预、调控社会生活。

■(四)服务性

公共权力的强制性并不意味着权力主体可以随心所欲地支配权力客体。在价值维度上,公共权力的目标是协调社会关系、促进经济发展、提供公共服务、满足公众需求、增进社会福祉。因此,公共权力的行使应当以公众利益为重点,始终坚持以人民为中心,而非为了一己私利。如果违背了权为民所用的原则,放弃用权为公、为人民服务的原则,也就违背了政府的公共性和公共权力的人民性这一根本属性。

■(五)功用性

公共权力不是目的,而是实现政治、经济、文化、社会等发展目标的手段。它被用于管理社会事务、维护秩序、提供公共服务,以满足社会发展的各种需求。在现代风险社会,政府需要树立"预防"观念,不仅要承担管理的责任,还要主动干预社会公共事务,通过制定公共政策、规范和管理社会事务,并充分利用"智慧政府"大数据平台和系统,

案例:浙江深入推进公权力大数据监督应用建设,激活数字新动能

预防各类社会危机。与此同时,政府要与时俱进,不断完善职能,进行刀刃向内的自我革命,坚持以人民为中心进行公共机构改革和职能优化,以便及时回应公众日益多元化和更深层次的需求,以更好的服务得到更多公众的支持,进一步增强政府公信力。

（六）综合性

公共权力并非单一存在,而是涵盖政治、经济、文化、社会、生态等多个领域的综合体。公共权力由组织和个体行使,反映了社会的多元性和复杂性。在政治层面,阶级社会的公共权力往往带有明显的阶级色彩,用以维护统治阶级的利益。在现代民主社会,公共权力应当代表广大人民群众的利益,是社会发展的推动力量。我国公共权力的配置与行使需遵循公平正义原则,以满足广大人民群众对美好生活的向往为旨归,建设清廉型、节约型、效能型和服务型政府。

在经济层面,高质量发展是当今经济发展的底色,需摒弃"唯GDP论",坚决杜绝高污染和高能耗的"两高"型经济发展模式。要通过科技创新,发展新质生产力,以绿色经济拉动我国经济的可持续发展。在文化层面,以铸牢中华民族共同体意识为工作主线,积极弘扬和传承中华优秀传统文化;在社会层面,坚持社会主义核心价值观,营造和谐向上的社会氛围;在生态层面,树立"绿水青山就是金山银山"的发展理念,坚持走人与自然和谐共生的绿色发展之路。

三、公共伦理中的权力关系与分化

权力是一种复杂的关系系统,从主体及权力的运用者的角度看,可以明晰个人权力和组织权力之间的互动关系;从层级结构的角度审视,可以区分中央政府和地方政府之间的权力划分;从权力配置层面分析,可以明确立法权力、行政权力和司法权力之间的相互关系;从政党政治的角度分析,可以明确国家权力、政党权力和人民权力之间的关系;从内容的角度审视,则可以明确政治权力和经济权力之间的关系等。这些不同形式的权力各有其独特的运作方式和特点,共同构成了权力体系微观、中观与宏观层次的复杂联系。权力关系的复杂性表明权力是多元性的关系结构,既是特殊的强制性社会关系,也是社会关系的表现,是历史和一定时代的产物,受社会经济发展和治理需求的影响,权力关系也是制度设计与制度安排的结果。

在我国,人民代表大会是国家权力机关,全国人民代表大会作为国家最高权力机关,拥有最高立法权并对由它产生的"一府两院"行使监督权力。在公共管理活动中,政府不仅要履行管理职责,还负责制定行政法规,并且这一职权从中央层级延伸至地方层级。司法权本质上是对政府行政权进行监督。政党的权力是政治力量对各种社会主体产生的支配力和影响力,而国家权力则由国家机构享有,是公共权力的核心。无论是政党权力、国家权力还是政府权力,其本质都是为人民服务的权力。然而,在权力运行过程中难免出现权力关系的分化、变异,甚至扭曲。这些现象有违公共伦理精神,需要通过制度的制定和改革来调整和完善,以适应政府治理的需要并实现治理目标。权力的多元性结构以及由此形成的权力格局,会对一个国家的经济、政治、社会、文化、教育等方面产生深远影响。

公共权力涵盖社会生产和社会生活的各个方面,并随着社会经济发展和转型不可避免地发生着分化。公共权力的分化是政府权力在某些公共领域的让步,是减少政府干预的范围,将一部分管理职能交由非政府组织或社会承担的过程。权力分化主要表现在手段和职能的分化两个方面。

在手段分化方面,政府管理社会的方式由过去的单一行政手段转变为运用行政手段、法律手段、经济手段以及社会中介组织共同处理公共事务。在职能分化方面,政府的行政职能由单纯的控制型向协调服务型转变。在这一过程中,政府将一些不应该管或管不好的工作交给非政府组织,或通过授权方式将部分行政权力转让给准政府组织,让它们来管理需要强制管理的社会公共事务。

公共权力分化不仅仅是政府内部权力的分解和相互制衡的必然结果,还表现为公共权力的收缩和职能的精简。具体而言,公共权力分化的原因有以下三个方面。

(一)计划经济向市场经济转变

在计划经济体制下,政府权力高度集中,这导致政府机关臃肿、效率低下,容易滋生官僚主义和以权谋私的腐败现象。随着市场经济发展,政府必须适应新的经济规律和要求,推动政府依法行政,加快职能转变,实现政企分开、政事分开,减少政府对社会的干预程度,支持社会组织参与社会治理和公共服务。

(二)政府自身的职能改革

政府现有的体制和内部运作机制已无法完全满足经济和社会高质量发展的需要。为提升政府效能、打造服务型政府,必须着手解决机构重叠、职责交叉、政策重复等问题。在这个过程中,需要全面考量党委、政府、人大、政协等机构的设置问题,构建健全、系统的权力结构和运作机制,确保决策权、执行权和监督权相互制衡、相互协调。在社会主义市场经济条件下,国家的协调服务职能主要包括政策调控、社会保障和政务管理等方面。此外,政府应逐步将具体的社会事务交由各类社会组织处理,特别是在基层,应大力发展社会自治,培育“社会缔造”的人民自治力量,让人民直接行使民主权利、依法自主管理自己的事务。政府权力的下放和转移也意味着弱化它对社会事务的控制,同时强化了服务性的治理职能,将部分政府部门转变为真正服务于社会的协调服务机构。这是我国政府机关改革的重要任务,也是实现精简高效、提高治理效能的必由之路。

(三)不断满足人民日益增长的美好生活需要

政府组织的使命在于满足公众需求、维护公共利益。然而,政府工作人员在行使权力的过程中,由于其自身的“经济人”的理性和自利性,存在滥用公共权力谋取个人或集团私利的风险。而企业由于市场竞争的压力,其行为也有可能符合公共利益。这便是我们所谓的“公共悖论”。“公共悖论”可能导致公众对政府不信任,使公众对政府行为的动机产生怀疑。为了避免这种情况的发生,有必要对公共权力进行分化。

公共权力分化是政府体制改革的结果,也是提高行政效率的必然选择。公共机构臃肿将助长官僚主义歪风,权力分化则有助于提升政府宏观调控能力、提高办事效率和为民服务水平。公共权力分化既是国家与社会相对分离的历史进程,也是非政府组织、社会中介机构发展的需要。权力分化有助于打造现代服务型政府、建设社会主义民主政治,促进社会进步,彰显中国特色的公平正义。

■ 第二节　公共伦理中的权利

20 世纪 80 年代中期以前,权利主要是一个法律概念,没有被纳入伦理学的范畴。20世纪 80 年代中期以后,权利的概念虽然开始受到我国伦理学界的关注,但学界对这一问题一直存在争议。归纳起来,主要有两种对立的观点。一种观点认为权利是存在的,研究和重视权利具有重要的理论和实践意义。另一种观点认为,伦理学是"义务之学",道德具有规范性和约束性,道德的规范和约束作用只能通过义务表现出来;而且,权利往往与个人利益相连,在道德层面认可权利的存在,难免导致个人主义。

■ 一、公共伦理中权利的含义

权利是一个十分重要的概念。"权利在主观意义上可以被表示为这样一个利益领域,在这个领域中,一个人能够合乎正义地要求他人尊重他。"[1]也就是说,权利指个人站在一定立场上,对于他应得的或应有的东西的要求。社会生活包括经济、政治、文化等各个方面,人们在这些方面都应有一定的权利。

公共伦理主体包括政党、政府、准政府组织、社会组织等;公共伦理组织的构成要素包括权力、人、物质、预期结果、职能、构成方式、运行规则、技术和信息等。[2] 从狭义视角来看,公共伦理是研究政府机关及公务员的道德理念、道德准则、道德操守的学说。可见,公共伦理的主体即公共行政中的个体行为人。换言之,公共伦理权利也就是政府主体的权利,是国家对公职人员在履行职责、执行公务过程中能够作出和不作出一定行为的许可,以及要求他人作出或不作出某种行为的保障。

公共伦理权利的内涵可从以下几个方面理解:一是,公共伦理主体的权利以其身份为前提,这是公共伦理主体权利与其他权利的区别;二是,国家规定了公共伦理主体的权利,这是为了公共伦理主体能够有效地行使职权,执行国家公务,而且公共伦理主体必须在行使国家职权、履行公共服务职责的过程之中,才享有这种权利;三是,公共伦理主体权利的具体内容,就是公共伦理主体在履行公共服务的过程中,可以作出的一定的行为,以及可以要求他人作出或不作出的一定的行为;四是,公共伦理主体权利的具体内容是由国家法律规定的,并且公共伦理主体权利的行使是由国家法律予以保障的;五是,对于公共伦理主体来说,其享有的权利同时也是一种义务,不能放弃,尤其是公共伦理主体行使国家权力、执行国家公务时必须具有的权利,公共伦理主体不得放弃;六是,公共伦理主体权利的内容具有广泛性,包括有权依法取得或享受的某种利益,公共伦理主体有权依法作出或不作出某种行为,有权依法要求他人作出或不作出某种行为,有权要求其所

① 弗希特:《伦理学体系》,梁志学、李理译,中国社会科学出版社 1995 年版,第 539 页。
② 高力:《公共伦理学》,高等教育出版社 2002 年版,第 41-47 页。

在机关授予自己一定的职权并提供相应的工作条件,有权要求当事人对自己的执法行为予以协助和配合。

二、公共伦理中权利的分类

公共伦理中的权利包含的内容十分丰富,从结构上看,大致有三个方面:一是政治权利和自由,它是公共伦理主体参与国家政治生活的民主权利和表达个人政治见解与意愿的自由,是公众政治权利在公共系统中的延伸和表现;二是物质保障权利,是公共伦理主体依法享有的经济利益方面的权利,该权利对于稳定公共伦理主体队伍,调动公共伦理主体的积极性具有重要的意义;三是个人发展权利,即公共伦理主体追求开发自身潜能、优化个人素质的权利,该权利旨在提高公共伦理主体的文化知识和专业技术水平,优化其全面素质,提高政府工作的效率和质量。

上述三个层面的内容基本涵盖了公共伦理主体权利的方方面面。根据不同的标准,公共伦理主体的权利的具体内容可大致分类如下。

(一)根据权利来源进行分类

□ 1. 通过公共伦理主体的身份取得的合法权利

公共伦理主体依据身份取得的权利,有两层含义:其一,这种权利取得的前提是公共行政身份的确认,即对公共伦理主体身份的确认;其二,取得的这种权利与公共伦理主体身份密不可分。这种权利主要包括名称权;非因法定事由和非经法定程序不能被免职、降职、辞退、处分的权利;参加培训的权利;在一定情形下不受民事审判的权利;执行公务时其名誉、人身受到保护的权利;依照法律法规辞职的权利等。

□ 2. 公共伦理主体执行公务的权利

公共伦理主体依据其执行公务的权利,指公共伦理主体在依法执行公务时所具有的某种权利。这种权利通常是国家或政府意志的体现,具有强制力,因而被称作"职权"或"权力"。公共伦理主体的"职权"或"权力"同其作为公民的"权利"虽然都是指法律关系主体依法具有的某种能力,但两者又有区别。"权利"通常与个人利益相关,而"职权"则只代表国家的或集体的利益,并不涉及行使职权的公共伦理主体的个人利益;"权利"是指法律关系主体具有作出某种行为的能力或资格,但并不意味着法律要求他必须作出这一行为;而"职权"不仅赋予作为法律关系主体的公共伦理主体作出某种行为的能力和资格,而且要求他必须作出这一行为。

□ 3. 保障公共伦理主体权利不受侵犯的权利

保障公共伦理主体权利不受侵犯的权利,就是指公共伦理主体在自身的权利受到非法侵犯时,为保护自己的权利而依法采取某种行为的权利。这既是公共伦理主体的一项权利,也是公共伦理主体行使权利的保障措施。权利倘若没有保障措施,就与不作规定毫无二致,没有实际意义。此外,在某种情况下,公共伦理主体在执行公务时有可能受到公共权力机关或其领导人的非法干预,致使公共伦理主体行使公务的权利会受到侵犯。因此,法律必须保障公共伦理主体在权利受到侵害时应享有采取某种行为的权利。这种权利主要指申诉权和控告权,有些国家还规定公共伦理主体有直接向法院提起诉讼的权利。

(二)根据权利行使期间进行分类

1. 公共伦理主体在职期间的权利

公共伦理主体在职期间的权利,指公共伦理主体在通过考试考核进入公共权力系统开始,到由于各种原因不再履行职务为止的期间内依法享有的各种权利。公共伦理主体在职期间的权利是公共伦理主体最重要的权利内容,其他权利都是由公共伦理主体在职期间的权利派生的。公共伦理主体在职期间的权利,既是对公共伦理主体身份的确认和保障,又是公共伦理主体执行公务的必要前提和条件。公共伦理主体在职期间的权利内容非常丰富。各国有关公共伦理主体制度法律中规定的公共伦理主体的权利基本都属于公共伦理主体在职期间的权利。

2. 解除公共伦理主体职务关系后的权利

解除公共伦理主体职务关系后的权利主要指公共伦理主体因退休、被辞退等原因离开公共权力机关,解除公共伦理主体法律关系后依法享有的一些权利。这既是对公共伦理主体以前工作的一种补偿,也体现了国家对他们的关心和保障。这方面的权利主要有退休的公共伦理主体享有法定退休金及其他非生产性福利待遇,被辞退人员享有失业保险等。

(三)根据权利内容进行分类

1. 政治权利

公共伦理主体的政治权利,指法律规定的公共伦理主体参加国家政治生活的民主权利以及表达个人政治见解和意愿的自由。公共伦理主体的政治权利是公民政治权利的延伸。公共伦理主体的政治权利既体现了公共伦理主体在国家政治生活中的地位和作用,而且从政治层面对其身份进行了确认。公共伦理主体的政治权利一般包括结社权、批评建议权、申诉权和控告权等。

2. 经济权利

公共伦理主体的经济权利,指公共伦理主体依法享有的经济物质利益方面的权利。这些权利主要有获得法定劳动报酬、享受法定保险福利待遇、休假的权利等。

3. 文化教育权利

公共伦理主体的文化教育权利,指公共伦理主体在接受培训和教育方面的权利,主要包括参加政治理论、业务知识培训方面的权利。公共伦理主体的文化教育权利是公共伦理主体不断优化自身知识结构,提高自身素质,提升工作能力的重要措施。接受各种教育和培训,既是公共伦理主体享有的权利,也是公共伦理主体必须履行的义务。

三、公共伦理中权力与权利的区分

公共伦理中权力和权利具有严格的区分。

第一,在主体层面,特定组织因授权而获得权力。在我国,人民是权力的委托方,人民代表大会是最高权力机关,是权力受托方;政府组织作为公共权力的执行机构,是公共权力的基本主体。基于此,在社会契约的作用下,人民群众应是权利主体。

第二,在客体层面,公共权力主体通过法律、制度、政策、规章等手段对公共权力客体进行约束和规范,以实现社会秩序的和谐稳定,维护社会公共利益。公共权力的运行过程实际上就是将权力的运行机制应用到经济、社会公共事务的管理之中,进而实现一定的经济、社会目标。因此,权力不是一种应该享有的权利,而是一种职责。权利的主体是依法享有权益的公民个体,权利是作为自由人具有的资格,是公民应得的利益。当公共伦理主体具有公职身份时,便享有法律赋予的相应权利,如:获得履行职责应当具有的工作条件;非因法定事由、非经法定程序,不被免职、降职、辞退或者处分;获得工资报酬、享受福利、保险待遇;参加培训;对机关工作和领导人员提出批评和建议;提出申诉和控告;申请辞职;法律规定的其他权利等。

第三,在来源层面,权力是法律赋予政府和政府工作人员的履行某种职能的权利,而不能被公民私人、特定的个人享有;权利是个人在政治生活中依法享有的,并予以制度保障的权益。在利益层面,权力不能用于谋取权力主体的私人利益,而是实现阶级利益、社会利益的工具手段,属于公权;权利是受法律保护的利益,是社会的制度和政治安排,属于私权。

第四,在价值关系层面,权力和权利体现了具体的社会政治关系和价值关系。权力需要法律制度来约束,即依法设置权力、依法配置权力、依法行使权力,以权制权、以德治权,实现权为民所用。权利以义务为重要前提,二者互为因果,不能不履行义务而只享受权利。权利的过度行使与义务的缺失,都会导致公平与公正的缺失。

第三节　公共伦理中的义务

公共伦理中的义务是以法律形式确定的公共伦理主体的行为规范和准则。公共伦理主体的义务对于保证整个公共系统的正常运行具有重要的意义,是确保公共系统正常运行的基本条件,是公共伦理主体行为规范的核心内容,也是实现公共伦理主体管理法治化、民主化的重要保障。

一、公共伦理中义务的含义

公共伦理中的义务即公共伦理主体的义务,又称伦理主体的责任,指国家对公共伦理主体必须作出或不得作出一定行为的法律约束或法律限制。具体内容如下。

第一,公共伦理主体是伦理义务的承担者。公共伦理主体履行义务的前提条件是其必须具有公共伦理的主体身份。对主体身份的确认,是区分公共伦理主体义务与其他义务的标准。公共伦理主体义务,是基于公共伦理主体的特定身份而存在的;当公共伦理主体以公民身份或者其他身份实施某种行为时,必须履行法律规定的相应义务。

第二,作为或不作为是公共伦理主体义务的内容。公共伦理主体有法定的积极义务,这就是我们通常所说的公共伦理主体的法定职责,即公共伦理主体必须依法主动作出某种行为;公共伦理主体还有法定的不作为义务,即公共伦理主体依法不得作出某种行为的义务,这是公共伦理主体义务的消极内容,也是实践中容易被忽视的内容。公共伦理主体的不作为义务包括两方面:其一,公共伦理主体不得作出与法律相违背的行为,有明确的法律规定作依据,内容和要求较容易理解;其二,与公民"法无禁止即自由"相反,公共伦理主体应秉承"法无明文规定皆为禁止"的法治理念,强调公共伦理主体的一切行为均须以权力机关制定的法律为依据。

第三,公共伦理主体的义务构成了针对公共伦理主体的强制性行为规范与准则。这些义务是必须履行且以国家强制力保障施行的,这是公共伦理主体义务的另一个独特属性。公共伦理主体的义务与公共伦理主体的纪律的性质是相同的。不同的是,公共伦理主体的义务具有一般性,而对公共伦理主体的纪律要求则更为细化、更具有操作性。可以说,公共伦理主体的纪律是公共伦理主体义务的具体体现。

■ 二、公共伦理中义务的分类

公共伦理主体的义务,可以从不同的角度进行分类。依据公共伦理主体履行义务的时间段不同,可将其分为公共伦理主体在职期间的义务和公共伦理主体退出公共权利系统后的义务;依据义务的履行方式不同,可分为作为的义务和不作为的义务;依据义务的内容不同,可分为政治要求、服务规则。

▨(一)根据义务履行期间的分类

□ 1. 公共伦理主体在职期间的义务

公共伦理主体在职期间的义务,指公共伦理主体进入公共权力系统至退出公共权力系统期间内履行的各种义务。

公共伦理主体在职期间的义务,是公共伦理主体进入公共权力系统,并建立公共伦理法律关系后的结果,因为权利和义务构成了法律关系的基本要素与内容。公共伦理主体在职期间的义务是公共伦理义务的主要内容。公共伦理主体在职期间的义务,既是公共伦理主体享有权利的同时必须承担的,又是公共伦理主体执行公务时必须履行的。这种规范性要求通常以义务的形式出现。

□ 2. 退出公共权力系统后的义务

退出公共权力系统后的义务,是指公共伦理主体由于各种原因脱离公共权力系统,解除公共伦理主体法律关系后依法应履行的义务。退出的原因是能够引起公共伦理主体法律关系解除的法律事实,如公共伦理主体的辞职、辞退、退休等。

公共伦理主体退出公共权力系统后必须履行的义务,有些是在职期间义务的延续,有些则是在职期间义务的派生。不管是延续的义务还是派生的义务,都有重要的意义。公共伦理主体在职期间,拥有一定的法定权力,建立了各种社会关系,有一定的社会影响力。这种权力的惯性、社会关系和社会影响力一经形成就具有相对的稳定性和一定的渗透性。因此,公共伦理主体退出公共权力系统后一定时期内,其行为必须有法律的规范性约束,即公共伦理主体仍须履行一定的义务。

(二)根据义务履行方式的分类

□ 1.作为的义务

作为的义务,就是以命令性法律规范设定的公共伦理主体必须作出一定行为的义务。如果违反法律规定,不作出这种行为,就要承担某种否定性后果。公共伦理主体的义务,绝大部分是作为的义务。命令性法律规范规定了公共伦理主体的作为义务,使公共伦理主体能明确什么是自己必须做的,以规范自己的行为、更好地执行公务。法律规范的指引作用在于防止公共伦理主体作出违反法律规定的行为。

□ 2.不作为的义务

所谓不作为的义务,就是以禁止性法律规定的公共伦理主体不得作出一定行为的义务。如果违反法律的禁止性规定而作出这些行为,就会有否定性法律后果。公共伦理主体的义务,有一部分是通过禁止性法律规范规定的不作为义务来实现的。如相关法律规定一定级别的公共伦理主体退休或离职若干年内不能到与自己原来履职部门有密切利益关系的行业企业工作。这样的法律规范使公共伦理主体对于自己不能做的行为一目了然,并自觉抵制这种行为,使义务的履行在法律规定的范围内得以实现。

(三)根据义务内容的分类

□ 1.政治要求

所谓政治要求,就是对公共伦理主体政治方面的严格要求。这是所有国家对其公共伦理主体的起码要求。如果没有政治要求,公共伦理主体就失去了其存在的依据,不能被称为公共伦理主体了。如我国规定,公共伦理主体必须坚持四项基本原则。

□ 2.服务规则

在现代社会,管理就是服务。公共伦理主体的服务必须有法定的规则或标准。所谓服务规则,就是公共伦理主体在执行公务、履行职责时必须遵循的标准。这个标准既是政府对公共伦理主体在工作方面的要求,也是衡量公共伦理主体工作表现优劣的重要评价尺度。用法律设定公共伦理主体的服务规则,不仅可以保证公共伦理主体遵循一定的政府服务标准,还可以为政府界定公共伦理主体的责任提供明确依据。

三、公共伦理中义务的基本内容

公共伦理中义务的基本内容,主要着眼于对公共伦理主体行为的规范,立足于国家公共事务的有效执行,服务于社会秩序的稳定与和谐。主要内容如下。

(一)模范遵守宪法和法律

公共伦理主体依法行政的前提是依宪行政。公共伦理主体作为国家公共事务的具体执行者,从某种程度上讲也是执法者,较之普通公民,应具有更强的法律意识,应成为遵守宪法、法律和法规的模范。宪法是国家的根本大法,规定了一个国家的制度和社会制度、国家的基本政策、公民的基本权利和义务、国家机关的组织和活动的基本原则等。公共伦理主体必须以宪法作为自己的活动准则,公务活动必须符合宪法的要求,不得有任何违宪行为。同时,公共伦理主体在公务活动中,负有维护宪法尊严、保证宪法实施的职责。法律和法规是国家制定或认可的行为规则,是公共伦理主体参与公共行政活动的法律依据。任何履行公共管理职能的公共伦理主体,都必须遵守法律和法规。公共伦理主体遵守宪法、法律和法规,这是依法治国的重要保证。

▇(二)按照规定的权限和程序认真履行职责,努力提高工作效率

依法办事是公共伦理主体公务活动中的一项重要准则。公共伦理主体执行公务时,要坚决做到有法必依;碰到法律尚未明确规定的事项,或者由于情况特殊、问题复杂,一时难以用法律进行规范的事项,要依据有关政策办事。依据政策办事与依法办事并不矛盾。因为政策和法律有着密切的联系,党的政策在执行中通过不断总结提高,达到比较成熟时,再通过一定的法定程序转化为国家意志,即法律。依照法律和政策执行公务,既是对公共伦理主体的基本要求,也是衡量公共伦理主体执行公务的质量的重要标准,还是公共伦理主体执行公务时坚持正确方向的重要保证。

▇(三)为人民服务,接受人民监督

我国宪法第二十七条第二款规定:"一切国家机关和国家工作人员必须依靠人民的支持。经常保持同人民的密切联系,倾听人民的意见和建议,接受人民的监督,努力为人民服务。"为人民服务、接受人民监督,既是对国家机关和国家工作人员的基本要求,也是公共伦理主体应当认真履行的义务。我国是人民民主专政的社会主义国家,人民是国家和社会的主人。政府及其工作人员的一切工作都应以人民群众的利益为最高准则。因此,公共伦理主体无论职务高低,都必须履行全心全意为人民服务的义务。为人民服务是公共伦理主体进行公共活动的出发点和归宿,是衡量公共伦理主体工作态度、工作责任心的根本标准。公共伦理主体密切联系群众,倾听群众意见,接受群众监督,有利于改进政府部门的工作。事实证明,人民群众对公共伦理主体的监督是其参与国家治理的重要形式,充分彰显了中国特色的社会主义民主。

▇(四)维护国家的安全、荣誉和利益

我国宪法第五十四条规定:"中华人民共和国公民有维护祖国的安全、荣誉和利益的义务,不得有危害祖国的安全、荣誉和利益的行为。"公共伦理主体首先是一名公民,必须履行公民的基本义务。同时,他们又是国家公共伦理主体,不同于一般公民。为此,应该做到:在执行公务时,自觉维护国家利益,维护国家稳定的政治局面,维护国家和政府的声誉;在国际事务和对外交往中,坚决维护国家的安全、荣誉和利益,绝不允许做出卖机密、向对方索取礼物、接受贿赂、损公肥私以及其他有辱国格、人格的行为;必须胸怀全局,做好本职工作,以促进社会主义现代化建设事业的发展,保证国家的长治久安。

■（五）忠于职守，勤勉尽责，服从和执行上级依法作出的决定和命令

公共伦理主体职位是在国家机关定职能、定机构、定编制的基础上，根据政府工作的需要设置的。因此，不管在哪个职位上，公共伦理主体必须严格履行岗位职责，这样才能保证政府工作的正常、高效运行。服从命令是对公共伦理主体的基本要求。现代公共行政的特点是各部门密切配合、协调一致、政令畅通。这就要求政府部门采取行政首长负责制，进行统一指挥和集中领导，要求公共伦理主体服从命令听从指挥。这一义务有以下几层含义：一是公共伦理主体在执行公务时，必须服从领导，执行命令听指挥，而不能各行其是；二是行政首长的指令，一般应逐级下达；三是公共伦理主体履行服从命令的义务时，只以有效的职务命令为准，即只服从领导人员在其职权范围内发布的命令；四是当领导人员的命令违反法律、法规，违反党和国家的路线、方针、政策时，公共伦理主体有权提出批评、拒绝执行，并有权向有关领导或有关机关反映。

■（六）保守国家秘密和工作秘密

公民有保守国家秘密的义务。我国《保守国家秘密法》要求全体国家工作人员和公民严格遵守各项保密法规和制度。国家秘密是指涉及党和国家的安全和利益，且尚未公开或者不准公开的政治、经济、军事、外交、科学技术等重大事项。保守国家秘密是关系国家安全和人民根本利益的大事，是保证社会主义现代化建设取得胜利的必要条件。公共伦理主体由于工作需要，会接触较多的国家秘密，更应增强保密意识，严守保密纪律。国家秘密和工作秘密是密切相关的，有些国家秘密是由一系列工作秘密组成的。有些工作秘密虽未列入国家秘密的范围，但泄露了也会给国家带来损失。因而，工作秘密也需要保守。公共伦理主体不仅在职期间要保守国家秘密和工作秘密，而且在辞职、退休、被辞退，脱离公共行政系统队伍后，仍必须履行这项义务。在国家安全等特殊部门工作的公共伦理主体，要终生坚守相关工作秘密，履行对党和国家忠诚的承诺。对违反国家保密法规，泄露国家秘密和工作秘密的公共伦理主体，有关部门应视情节轻重，给予处分。触犯刑律的，应依法追究刑事责任。

■（七）遵守纪律，恪守职业道德，模范遵守社会公德

公共伦理主体的纪律是以法律形式规定的，用于指导、调整、约束、规范公共伦理主体行为的准则，是公共伦理主体的行为规范，用以保证公共伦理主体按其职责履行公务、保证公共行政工作的正常进行。我国公共伦理主体的纪律按其内容可以分为政治纪律、工作纪律和廉政纪律。由于职业的特殊性，公共伦理主体须遵守特殊的道德要求。另外，公共伦理主体还必须在遵守社会公德方面起模范和示范作用，不得因违反社会公德而造成不良的社会影响。

■（八）清正廉洁，公道正派

实现政府及其工作人员的公正廉洁，是党和国家的一贯要求，是维护政府的良好形象、加强党和政府同人民群众密切联系的重要措施。建立和推行公共伦理主体制度的一个重要目的就是建立廉政机制，保证公共伦理主体廉洁奉公。公共伦理主体代表国家执

行公务,其权力是人民授予的,属于其所在的法定职位,而不属于个人。公共伦理主体必须正确运用手中的权力,为人民的利益而工作,绝不能利用职权搞不正之风,谋取私利。只有这样,才能赢得人民的信任和支持。公共伦理主体代表国家行使职权,担负着组织经济建设和实施社会治理的任务,他们的工作与人民群众的切身利益息息相关。因而,公共伦理主体必须公正无私地执行公务,做到清正廉洁;当个人利益与人民利益发生矛盾时,要坚决维护人民利益。

▨（九）法律规定的其他义务

国家法律规定的公共伦理主体的基本义务,是由公共伦理主体本身的特点决定的,公共伦理主体应当履行这些义务。同时,作为公民,他们还必须履行宪法和法律规定的除公共伦理主体义务以外的其他义务。这样,公共伦理主体的义务在内容上才更加全面完整。

■第四节　公共伦理中权利与义务的平衡

公共伦理中的权利与义务是对等的关系。正如黑格尔所言,享有多少权利就应负有多少义务。权利和义务的结合与统一只有在伦理阶段,特别是在国家中才能得以实现。"国家的力量在于它的普遍的最终目的和个人的特殊利益的统一,即个人对国家尽多少义务,同时也享有多少权利。"[①]如果权利与义务严重脱离,那么国家的整体性就要瓦解。

■一、公共伦理中权利与义务的基本特点

权利与义务之间有着相互渗透不可分割的内在联系。一方面,权利与义务相互对立,权利是法律赋予公民的某种权益。法律关系主体可根据自己的意愿,享受权利,或放弃权利。而义务则相反,它是法律规定的人们必须作出或不能作出的一定行为的约束,它必须得以履行,而不能放弃,否则就要承担法律责任。另一方面,权利与义务相互统一。这种统一性主要表现在权利与义务同生同灭,不可分离;义务是实现权利的基础,享受权利是履行义务的前提;权利与义务相适应,有多大的权利就应履行多大的义务,履行一定的义务就应享有相应的权利。权利与义务是一个多方面、多层次并具有多层意义的有机体。相对于公民和社会组织的权利与义务,公共伦理主体的权利与义务具有自身的特点。

▨（一）同一性

公共伦理中权利与义务是相互联系、相互作用的有机统一体。公共伦理主体的权利是履行职责、行使公权力的法定手段,是与自身承担的职责相对应的权利。公共伦理主体享有法律规定的权利,同时必须承担法律规定的义务,既不能只享有权利而不承担义务,也不能只要求承担义务而不享有应有的权利。公共伦理主体行使权利和履行义务的

---

① 黑格尔:《法哲学原理》,范扬、张企泰译,商务印书馆1961年版,第261页。

目的是一致的,都是为了实现公共行政的科学化,提高政府部门的工作效率,提升政府的治理和服务能力。此外,权利与义务的统一,还体现在两者的平衡上,公共伦理主体享有的权利应与其职责大小、履行义务的多少一致。

(二)层次性

公共伦理主体具有双重身份,他们既是公共伦理主体,又是普通公民。因此,他们的权利与义务具有明显的层次性:作为普通公民的权利与义务,以及作为公共伦理主体的权利与义务。公共伦理主体首先是国家的公民,这是他们成为公共伦理主体的前提之一。作为普通公民,他们应享有宪法规定的公民的基本权利,也必须履行普通公民应尽的义务。然而,公共伦理主体又不同于普通公民,他们还享有国家公共伦理主体制度专门规定的、与其身份相联系的特殊权利,同时又必须承担比公民更多的义务。但应看到,公共伦理主体的权利与义务和宪法规定的公民的权利与义务的原则精神是基本一致的。

(三)平等性

公共伦理主体平等地享有法定权利,平等地履行法定义务,任何公共伦理主体在法律面前地位平等。国家制定的公共伦理主体管理法律、规章制度等,是全体公共伦理主体都必须遵循和维护的。同样,法律、规章制度等对全体公共伦理主体一视同仁,任何公共伦理主体不能因职务高低、家庭出身、宗教信仰、社会关系、性别、年龄等方面的不同,享有超出法律范围之外的特权或遭受歧视。

公共伦理主体的权利与义务的平等性主要表现在两个方面。其一,公共伦理主体要平等地遵守法律对权利和义务的规定。公共伦理主体无论职位高低、资历深浅,都可以享有法律赋予自己的权利,都必须履行法律规定的义务。其二,对公共伦理主体法定权利义务的实施和监督是平等的。国家对所有公共伦理主体的权利与义务予以保护,对公共伦理主体的违法犯罪行为要平等地追究法律责任,不得有任何偏颇。在权利与义务的法律监督方面,公共伦理主体享有平等的权利,有权对任何机关及其领导人的违法失职行为进行检举、揭发和控告。

(四)职务性

公共伦理主体的权利与义务同其职务有着直接的联系。职务是产生公共伦理主体权利与义务的前提和依据。即有什么样的职务,就有什么样的权利与义务;不同的职务,就有不同的权利和义务与之相匹配。公共伦理主体的权利和义务源于其职务上的任用行为。只有国家选任其从事国家公务时,他们才享有这些权利、履行这些义务。随着任用行为的终止,该权利便停止享有,其义务也依法停止履行。因此,公共伦理主体的权利和义务的内容在一定程度上是由国家职务的性质和任务决定的。国家赋予公共伦理主体什么样的权利,是根据其承担特定职务、履行特定职责的需要设定的。也就是说,担任什么职务就应当获得这项职务的权利。同时,为了保证国家权力的正确运用,防止权力滥用,国家还给公共伦理主体提出严格的运用规则,违反这些规则,要追究其法律责任。此外,公共伦理主体权利与义务的职务性还表现在,公共伦理主体权利的行使,不能超越其职务规定的范围。既然,公共伦理主体的权利与义务是由公共伦理主体职务的任用行为派生的,是为承担特定任务和职责而设定的,那么,公共伦理主体的权利与义务的行使就不能超越职务规定的职权范围。

■(五)法治性

公共伦理主体的权利与义务区别于一般组织成员的权利与义务的显著特征是,公共伦理主体的权利与义务具有明显的法治性。公民、团体与一般社会组织的某些权利与义务,由于不与国家权力的行使相联系,因而不一定由国家法律来确认和维护,而是靠组织和团体的规章制度或成员间的相互默契来确认。公共伦理主体的权利与义务是调整公共伦理主体与国家、社会、公民之间关系的行为规范,是宪法确定的原则和精神。国家制定了公共伦理主体必须遵循的法规和管理条例,使公共伦理主体的行为意图和行为方式有效地控制在国家法律允许的范围内,使其行为结果成为实现国家治理目标的组成部分。

■(六)不可放弃性

公共伦理主体享有的权益和拥有的法定条件及合法手段,一般都不得放弃。作为一般的公民、劳动者和自然人,许多权利是允许放弃的,如信仰、财产继承权、某些福利待遇等具有个人属性的权利。但公共伦理主体的权利与义务,不仅是个人的权利与义务,还带有国家职能的属性,是属于职务上的权利和履行职责必须承担的义务。放弃这种职务上的权利与义务,不利于职务的执行,是不尽职的表现,甚至会导致失职和渎职行为的产生。公共伦理主体的权利与义务不能放弃的特征,意味着公共伦理主体必须尽职尽责地工作,全心全意为人民服务、为国家和人民效力。

由此可见,公共伦理主体的权利与义务是紧密相连的。权利的存在以义务的同时存在为前提;若忽视义务,许多权利就不会实现。因而,只要存在权利问题,权利与义务的平衡问题便随之产生。

■ 二、公共伦理中的权利与义务平衡

"平衡"一词最早见于《汉书·律历志上》,"准正,则平衡而钧权矣。"平衡指衡器两端承受的重量相等,引申为相关方面在数量或质量上均等或大致相等。平衡亦称"均衡",在哲学上指矛盾双方暂时相对统一或协调。平衡与不平衡是相对的,二者相互转化、相反相成。[①] 从平衡的本义可以看出,平衡是对立统一的事物之间保持的一种较为均衡、有秩序的状态。它可以是静态物体之间的均衡状态,也能体现为变化过程中存在的秩序性以及平稳的过渡阶段。基于此,我们可以认为平衡性就是各种社会关系根据一定的客观需求与规范,持有的一种辩证统一、统筹兼顾的较为均衡、有秩序的状态。

从平衡论的角度出发,权利和义务存在着对立统一的关系。一个人享有的权利往往是有利于自己的,它意味着对自身的权利和利益的确证、追求和捍卫;而一个人履行的义

---

① 《哲学大辞典》,上海辞书出版社,1999年版,第1097页。

务却往往是有利于他人的,以约束自己为前提,甚至在某种情况下要以牺牲个人利益为前提。权利与义务统一性就在于:一个人履行义务隐含着对他人或社会的权利的确认,而一个人行使自己的权利则又隐含着他人或社会为他所尽义务的确认。权利和义务的关系大致可以理解为付出与获得的关系。一个人要获得各种权利,他就必须承担相应的义务。人的权利和义务是对等的,不存在无义务的权利,也不存在无权利的义务。一个人享有多少权利,同时就应该负有多少义务。

三、公共伦理中的平衡性需求

伦理关系是一种实体性的特定社会关系,它包括社会生活的全部过程,是一种包含道德与法,同时又高于道德与法的社会现象。而公共伦理则是公共领域中的伦理,换言之就是公共行政过程中的伦理规范,是公共领域之中的伦理活动、伦理意识和伦理规范的总和。从公共伦理的主体的角度来看,公共伦理可以理解为:一是国家公共伦理主体的公共伦理意识、公共伦理活动以及公共伦理规范现象的总和;二是政治体制、公共行政体制、领导集团以及行政机关或其他部门,在从事诸如领导、决策、管理、协调、监督、控制、服务等公共事务中所应遵循的法律、道德和伦理的总和。由是观之,公共伦理的核心是围绕公共行政行为和公共关系而制定一系列规范,这些规范不仅要求公共伦理主体在处理公共行政行为与公共关系时注重各主体间的平衡,同时也强调其自身应具备内在的平衡性,这是不容忽视的重要方面。

公共伦理作为一套关于公共伦理主体的公共行为的规范体系,包含了关于公共行政活动全过程的法律、道德和伦理规范。公共伦理作为一种公共行政实践规范,起着规范公共行政行为的作用。这一作用需要从公共伦理选择的深层动因说起。也就是说,在公共行政选择过程中,伦理动因对选择起到了至关重要的作用。从根本上讲,利益和利益关系是影响公共行政主体进行公共选择的决定性动因,并成为一些公共伦理现象产生的基础。基于此,公共伦理的平衡还包含了深层次的利益平衡。因此,在公共伦理建设中,我们还需要平衡伦理背后的利益,只有这样,公共伦理规范才能实际地发挥激励和规范的功能。

具体而言,公共伦理的平衡性包含两个层面:一是公共行政关系的平衡,也就是说,在公共行政行为和公共关系的主客体之间要保持相对平衡,以达到一种相对公正的秩序状态;二是公共伦理实体性规范的平衡,这种平衡是衡量公共伦理主体及其行为正当性的一个实体性规范标准和尺度,简单地说,就是伦理评价标准的平衡。

(一)公共伦理主体的平衡

公共伦理是公共行政过程中的伦理规范。而公共行政过程是指为了国家或社会的公共利益而运用公权力对社会实施治理的过程。社会治理过程,包括执行国家法律和政策、调控社团和组织以及规范社会组织和个人的各种行为。在这一过程中,形成了各种各样的公共行为以及公共关系,进而产生了公共关系的伦理规范。公共伦理作为实践精神的一种价值,表现为公共伦理主体和公共伦理客体之间的价值关系。

公共伦理主体和公共伦理客体的道德需要促使人们在公共行政活动中建立相互满足的价值关系，并推动人们改善这种关系，以调节人与人之间、人与组织之间、组织与组织之间、组织与社会之间的交往与协作，在此基础上促使个人完善人格，形成人类特有的公共行政精神。作为公共伦理主体与公共伦理客体之间的价值关系，公共伦理建设应关注公共伦理主体与伦理客体之间的伦理规范的相对均衡。

由于公共权力本身具有的扩张性和特定的指向性，所以公共伦理主体和公共伦理客体之间的关系经常体现为领导与被领导、服从与被服从。纠正这种失衡的关系，需要通过法律对公共伦理主体设定较多的责任与义务，对其公共权力的运用进行限制。因此，我们可以看出，对公共伦理主体而言，他们占据了权力的核心位置，并肩负着重大的责任与义务，普通公民必须让渡自己的部分权力，如对于自己部分隐私的公开以接受社会监督，放弃自己部分结社罢工的权利以履行维护国家安全的义务等。这些特点本身也体现了公共伦理主体与公共伦理客体之间的一种平衡性设计原则，体现了对权力破坏公共行政主客体之间关系平衡的一种补偿与救济。

当前，我国在制度的设计中非常注意防范公共伦理主体将个人利益凌驾于公共利益之上的情形，在道德上也严厉谴责公共伦理主体优先关注个体利益的行为。因为公共伦理主体有更多的便利和条件实施这种僭越行为，有更多的机会给公共利益造成损害。拥有公权力的公共伦理主体不能认为公共伦理客体只有义务没有权利，而公共伦理主体只有权利没有义务或责任。

在公共关系的伦理规范中，平衡性体现了公共伦理主体与公共伦理客体之间的实体平衡。对于具有理性倾向的公共伦理客体，即对于在公共空间生活和活动的组织或个人而言，制定公共伦理意味着要处理好个人利益与国家利益之间的关系。由于公共伦理客体不执掌权力，对他们监督的力度就相对小一些。法律一般只对公共伦理客体的一些重大违法行为进行事后处罚，所起的作用相当有限。在倡导公民本位的时代，法律日益趋向于扮演类似守夜警察那样的被动、防御性角色，基于此，公共伦理对公共伦理客体的规约和导引作用，显得十分必要。在公共伦理客体的伦理规范建设过程中，应大力培养公民的公共精神，引导公民自觉维护公共秩序，积极参与公共活动，认同并服从公共权威，为公共利益贡献自己的力量。

（二）公共伦理标准的平衡

公共伦理作为一种公共行政实践的规范，是对公共行政进行伦理评价的一系列规则或标准。因此，公共伦理中的平衡问题，也就体现为公共伦理评价中的平衡问题。公共伦理评价的关键在于公共伦理标准的选择如何兼顾公共伦理主体和客体的平衡。这不仅是因为公共伦理标准的选择会直接影响公共伦理动因的作用模式，同时也会影响公共伦理实际效用的发挥。

公共伦理是一种公共道德的实践标准，它的作用的发挥依赖公共伦理主体和公共伦理客体对道德的实践。为此，公共伦理从道德实践的角度看，是分层次的，一般可分为规范伦理、信仰伦理和美德伦理三个层次，而每个层次起作用的动因是不一样的。对于规范伦理，应要求公共伦理主体严格遵守，让公共伦理主体明确自己的行政义务，自觉地遵守各种制度规章；对于信仰伦理和美德伦理来说，一般只能通过教育和引导来培养公共伦理主体的健全人格和公共行政良心，使其具备美德与信仰，从而激励公共伦理主体作出公共"善行"。这三种伦理的形式不同，相应的伦理标准也就有差别。

我们在学习和研究公共伦理评价标准时，要结合实际情况，正确区分公共伦理规范的形式与标准。其一，公共伦理主体应对自己的行政行为及选择承担责任；其二，公共伦理主体只能在一定限度内对自己的公共行政行为及选择承担责任，原因是公共伦理主体的公共行政行为及选择受到各种主观条件与客观条件的制约。客观方面的制约有现实社会的政治、经济、法律、伦理道德，以及公共伦理主体在现实社会特别是公共关系中的地位等因素；主观方面的制约有公共伦理主体本人的人生观、价值观、知识水平、心理状态等因素。

那么，究竟如何确定公共伦理主体公共行政行为选择的责任限度？这就需要我们科学合理地选择公共伦理的评价标准。需要指出的是，在公共行政活动中，我们如果一味地要求"大公无私""公而忘私""先公后私"等，就从根本上否定了公共伦理主体和公共伦理客体的个体利益的合理存在。"国家利益的需要"往往成为无条件地剥夺合理合法的个人利益的理由，仅强调国家利益与其他形式的利益统一性，实质上回避了公共利益、共同利益和个人利益内在的矛盾与冲突。在社会利益结构不断分化、社会利益日趋多元化趋势的当下，忽视不同利益的差异性与矛盾性，则难以适应新形势下社会利益多元化发展的要求。这就要求我们必须重新审视国家利益、集体利益和个人利益之间的关系，不仅要认识到国家利益只是公共利益的一部分，而且应从单纯地追求国家利益，转向追求以公共利益为核心的社会利益（包含多种类、多层次、多领域利益），实现公共利益、组织分享的共同利益、个人利益的和谐。因此，在公共伦理评价中，我们要平衡公共伦理主体、客体之间的价值关系以及个体与整体之间的关系，我们的公共伦理评价标准要与时俱进。

在公共伦理评价过程中，我们需要科学合理地选择公共伦理的评价标准。在崇尚经济理性的市场经济体制下，效率、效益无疑是公共伦理评价的重要指标，经济理性是一个社会活动主体的基本思维。但我们不能，也无法苛求公共行政主体完全抛弃个人利益，永远保持大公无私。我们应该对他们合理合法的利益给予承认与维护。在此基础上，才能激发他们公共行政的积极性，才能引导他们追求更高的美德标准。

如果将制度伦理作为公共伦理主体的最低要求的话，我们不妨将完善公共行政人格作为美德伦理的最高追求。这样公共伦理评价的标准就可以掌握最高点与最低限的平衡，也只有这样，才能在个体利益和公共利益之间寻得平衡与和谐，才能在公共伦理主体的基本需要和信仰追求的矛盾中取得平衡，公共伦理才能对绝大多数社会成员发挥激励和导向作用，才能真正深入推进公共行政改革，切实彰显公共行政的公共属性、人民属性与服务导向。

总而言之，作为行政哲学形态和行政制度规范的公共伦理，一方面表现为制度伦理，体现在各种行政法律、法规以及各种行政规章制度之中。公共伦理作为一种规则，作为公共伦理主体的一种公共行政义务，可以内化为行政人员自觉的公共活动。另一方面，公共伦理又表现为个体的职业伦理，体现了一种公共行政价值观和行政人员的追求，对公共伦理主体和客体起到了积极的激励作用。

公共伦理的研究要充分重视这两个不同维度，并对这两种维度进行具体分析，既要重视公共伦理研究的实体内容平衡,同时又要明确公共伦理在公共行政中的地位与作用,为公共伦理评价活动寻求一个合理而适用的平衡点。一是既要研究公共伦理主体的伦理,同时也不能忽视公共伦理客体的伦理建设;二是在公共伦理建设标准方面,应在公共伦理主体伦理的最高标准和最低标准中保持平衡,以确保公共伦理建设目标的达成和对公共伦理主体激励功能的有效发挥。

本章复习题

1. 简述公共伦理权力的特征。
2. 简述公共伦理权利的分类。
3. 简述公共伦理义务的基本内容。
4. 简述如何维护公共伦理中的平衡性。

复习题参考答案

本章参考书目

1. 黑格尔:《法哲学原理》,范扬、张企泰译,商务印书馆 1961 年版。

2. 弗里德里希·包尔生:《伦理学体系》,梁志学、李理译,中国社会科学出版社 1995 年版。

3. 亚里士多德:《尼各马可伦理学》,廖申白译,商务印书馆 2003 年版。

4. 斯宾诺莎:《伦理学》,贺麟译,商务印书馆 1983 年版。

第四章
公共伦理中的责任与担当

——本章导言——

　　责任作为公共伦理学的基本概念,源于伦理学。最初,人们仅将其当作对行为的一种简单的道德评价。之后,人们对责任的认识才从消极、否定的层面逐步升华,进而将其视为一种强制性规则。"责任"概念纳入公共行政学领域后,催生了公共伦理责任的观念,它针对的是行政人员的社会化角色的伦理原则和规范。明确自身的责任与担当,有助于提高行政人员的内在道德素质,提升其治理和服务能力。在以高效能治理促进高质量发展、实现高品质生活的新时代要求下,我国行政人员的责任伦理建设依然任重道远。

■ 第一节　公共伦理中的责任

　　公共伦理与行政责任是紧密相连、内在统一的。现代国家的公共行政行为活动,担负着广泛而全面的责任。这些行政行为活动既可能符合人民群众的利益,也可能有损社会公众的利益,这便产生了公共伦理问题。任何政府为了实现其治理效能,都必须将公共伦理价值融入制度设计之中,构建行之有效的行政责任制度,以刚性制度克服行政人员行为失范、行政组织权力异化、行政责任制度的有限理性的弊端,从而确保在社会主义新时代,行政组织及行政人员能够作出负责任的行政行为。

■ 一、责任与行政责任

　　从"责任"这一概念的语义入手对其进行分析是十分必要的。现代汉语中的"责任"一词源自古代汉语中的"责"字。据《辞海》释义,"责"在古语中有五种含义:一是责任、职责;二是责问、责备;三是责罚;四是索取、责求;五是贬谪。这些基本含义可以从两个层面来理解:其一,是指与责任主体的社会角色相关联的"角色责任",这就意味着社会对责任主体的行为是有预期的,责任主体应做好其分内之事;其二,是指义务责任,指责任主体未按照社会规范作出相应行为,即未做好分内之事而遭受谴责与惩罚。

　　"在政治活动和公共管理中,责任最通常最直接的含义是指与某个特定的职位或机构相连的职责……这种责任意味着公职人员因自己所担任的职务而必须履行一定的工作和职能。责任通常也意味着那些公职人员可能因未履行自己的职责而受到责备或惩罚。"[1]可见,从政府责任的角度来看,行政责任也包含两层含义:广义上的行政责任是指行政人员因其岗位和职务而应承担的相应职责,这就要求行政人员秉持以人民为中心的原则,密切关注公众的意见、要求与呼声,积极、有效、及时地作出反馈与回应,从而得到社会与公众的认可。从这个意义上讲,行政责任意味着政府对社会的回应,意味着政府对人民群众的需求作出了积极的反应,并主动采取措施解决问题。从狭义的角度来看,行政责任意味着行政人员错误地行使公权力,严重损害了社会公众的利益与诉求,应受到批评、惩罚与制裁。这种责任涉及违法行为,意味着国家对政府及其工作人员违法行为的否定性反应与谴责。从这个意义上讲,责任具有消极性。当政府及其工作人员对其违法行为承担法律后果时,行政责任便得到了最基本的保障。

完整的行政责任是上述两方面的统一。一个政府组织正确地履行了社会义务,它便是一个有责任的政府。如果政府的行政人员违法行使职权,未履行法律规定的义务则应承担否定性的法律后果。概言之,行政责任是政府及其工作人员以公职人员身份行使行政权力时所应当承担的政治上、法律上、道义上的责任。

行政责任的基本特征可以概括如下。

第一,行政责任是一项普遍义务。政府及其工作人员承担行政责任的过程就是为人民履行职责的过程,承担着为社会公众尽职责、谋利益的义务。

第二,就责任主体而言,行政责任是政府及其工作人员的责任。政府组织中的每个职位都是权力与责任的统一,其中,责任明确规定了担任某一职务的行政人员必须做什么以及不能做什么,政府及其工作人员应对过失行为承担事实上的和道德上的责任。

第三,行政责任是一种以外部力量为支持的有约束力的行为方式。与伦理道德对政府及其工作人员的内化作用相比,行政责任可以得到外部力量甚至国家强制力量的支持,是一种监督、控制和制裁行为。比如,用法律制度来制止政府及其工作人员的权力寻租行为、腐败行为等。对于政府及其工作人员来说,行政责任一旦确立,就必须根据各自的职责和任务从事相应的公共行政活动。行政人员未有效履行职责或者失职渎职的,都会按照规定的程序和形式给予不同程度的批评、处罚或制裁。

在弄清楚行政责任的基本内涵后,我们还需要从理论上对行政责任存在的前提进行分析,以明确行政责任存在的合法性与必要性。

第一,委托-代理关系是行政责任存在的理论基础。近代以来,以霍布斯、洛克、卢梭为代表的启蒙思想家在自然权利说的基础上提出了社会契约和人民主权理论,阐明了国家和国家权力的起源及归属问题,论证了公共权力委托者与代理者之间的关系。同时,马克思、恩格斯也在批判性继承前人智慧的基础上,提出了马克思主义人民主权理论,科学地论证了权力的委托-代理关系。在现代民主政治中,公共权力的基础是广大人民群众,人民是公权力的合法来源,公共部门的权力无论是名义上还是实质上都来自人民的让渡。因此,可以将公民与政府之间的关系视为一种委托-代理的关系。换言之,一个政府只有积极回应并满足了民众需求,才是一个为民服务的责任政府。

第二,权责一致是行政责任存在的内在要求。通过对社会契约和人民主权理论的分

---

① 戴维·米勒等:《布莱克维尔政治学百科全书》,邓正来等译,中国政法大学出版社2002年版,第701页。

析发现,国家和政府的公共权力来自人民的让渡和委托,人民是公共权力的合法拥有者,公民与政府之间的关系实际上可视为一种委托-代理关系。但在实践中,这一原则的实现并非如此简单。一方面,公民需要让渡权力,从而构建公共权力体系,以便参与社会治理,并保障自身的利益;但另一方面,公共权力存在被滥用风险,有可能成为危害社会、损害公民利益的强权力量。为解决这一问题,必须对公权力进行限制与约束,即授予政府多少权力,就必须课以相等的责任。简单而言,就是权责一致的原则。权责一致原则表明,责任与权力是统一的、对等的,政府有什么样的权力,就应负有什么样的行政责任。

■ 二、行政责任的表现形式

现代政府究竟负有哪些行政责任?该问题存在着多种不同的解释。罗姆瑞克把行政责任分为四种,即官僚责任、法律责任、政治责任和职业责任,并认为前两种责任强调严格的监督机制和有限的自由处置权,后两种责任则被赋予了较大的自由裁量权。从政府责任的角度出发,可以将责任分为五种:道德责任、政治责任、行政责任、诉讼责任和赔偿责任。根据不同的压力来源,行政责任又可进一步划分为多种表现形式且具有丰富内涵,本书主要从客观责任和主观责任、积极责任和消极责任的区别与联系入手进行阐述。

客观责任是指社会、组织或他人以法律和道德舆论的形式,要求责任主体务必履行的义务和责任。"客观责任是源于社会对此行政职位的考虑,要求政府及其行政人员如何做。也就是说,行政人员一旦接受了某职位,就等于接受了某种期望和约束。"①客观责任对所有接受职位的行政人员提出了总体的义务规定,每个岗位都被赋予了特定的角色和职务职责,一旦确立行政职务关系,行政人员就必须履行相应的职责,并建立与职位、职务、职责、职权相关联的责任追究制度,以避免某些行政侵权、失职行为的产生。作为一种外部控制形式,客观责任有其固有的缺点,受自身刚性规范的局限,在繁杂的具体公共事务面前,客观责任容易出现"责任盲区",难以与实践中的具体行政行为完全对接,其功能的发挥受到了一定的限制。客观责任的软弱无力,为道德责任的产生提供了空间。

"如果说客观责任源于法律、组织机构、社会对行政人员的角色期待,那么主观责任则根植于我们自己对忠诚、良知、认同的信仰,或者理解为行政人员自己感觉到并因此采取行动的责任。"②主观责任是一个人出于良知、信念而对自己的职务职责形成的一种责任意识,是行政人员的"伦理自主性"或称为"道德责任"。按照库珀的解读,主观责任是与外部强加义务相对应的一种责任,履行主观责任实际上是职业道德的一种反映。

在现代社会中,行政人员在履行职责时的职业道德体现为社会对公职人员的角色期待,但由于社会公众利益需求的多元性、多样性,他们期待的内容也有所不同,甚至充满尖锐的冲突与矛盾。这就要求行政人员在履行客观责任时进行合理判断,并运用道德自主性作出合伦理性的抉择,这就是主观责任。显然,主观责任根植于行政人员对忠诚、良知、认同的信仰。一个具有责任感的行政人员能否对社会公众负责和正确地行使相应的

① 特里·L.库珀:《行政伦理学:实现行政责任的途径》,张秀琴译,中国人民大学出版社2001年版,第79页。
② 特里·L.库珀:《行政伦理学:实现行政责任的途径》,张秀琴译,中国人民大学出版社2001年版,第79页。

权力,取决于他是否具有自觉的责任意识,是否准备积极地承担职责义务,是否准备承担因行使职权而带来的后果。只有那些愿意积极主动承担责任义务和勇于承担后果的行政人员,才能在公共行政活动中忠于职守,敢于负责。

此外,在公共行政实践中还存在行政人员推诿扯皮、争功诿过的官僚主义现象和不求有功、但求无过的不作为现象。这些问题的存在并非由于没有构建完善的行政责任制度,而是因为制度的刚性抑制了行政人员主观能动性的发挥。因而,作为外部性规定而设置的角色责任实质上是一种消极责任,是被动的责任。只有在信念基础上形成的、内化于心的、以责任意识为支撑的责任,才是积极的行政责任。在积极责任实现过程中,行政人员将获得自我价值实现的满足感、获得感、成就感,而在没有较好地承担责任时,也会受到道德良知的谴责。因此,外部责任只有内化成建立在信念基础上的道德责任,才能成为积极的责任、主动意义上的责任。消极责任是整个责任构成的基石,而积极责任则是消极责任的补充,也是对消极责任的超越。只有积极责任与消极责任有机地统一起来,才能构成完整意义上的公共行政责任。

■ 三、公共行政责任伦理缺失的原因

公共行政责任伦理缺失是指行政人员在行使权力过程中背离责任、反客为主的种种矛盾冲突行为的总称。即责任主体未能完成法律规定的应承担的责任和义务,直接或间接地对公众利益造成损害,表现为行政人员的责任意识不足以及行政道德的欠缺。从行政主体的责任构成来看,行政活动中的多种责任冲突是公共行政责任伦理缺失的根本原因。

□ 1. 角色冲突

在现实社会中,每个人都处于一定的社会关系之中并扮演着一定的角色,每一个角色都有特定的伦理义务,然而各个角色往往是互相重叠、相互交织的,这就造成不同角色在伦理义务中存在矛盾与冲突。

行政人员作为公共利益的维护者,应当担负维护公共利益的一系列责任与义务;作为一个普通公民,行政人员也须同常人一样承担相应的社会角色的责任与义务。在这种情形之下,行政人员角色与组织工作之外的其他一种或多种角色之间便可能发生矛盾与冲突。尤其是当公共领域与私人领域出现截然相反的利益取向时,行政人员就要面对尖锐的角色冲突。这时行政人员如果将手中的公权力变成为自身谋取私利的工具,就会导致公共行政责任伦理的缺失。

□ 2. 权力冲突

在公共行政领域,一个人在一定的行政组织中担任某一职位,就会获得与之相对应的公权力,这就意味着在公共行政实践活动中,某一具体的行政人员既是一定行政职位上公权力的占有者,同时也是该职位公权力的责任承担者。通过委托-代理理论分析可知,公众才是公共权力的最终所有者,而政府及其行政人员是公共权力的最终行使者。

委托与代理之间的冲突可能发生在公众知情或不知情的情况下。政府及其工作人员如果为了自身利益,利用公众不易察觉到的公开的或隐秘的手段,作出损害公众利益

的行为,就会导致责任伦理的缺失。此外,行政人员属于特定的行政组织,该组织的利益与公众利益之间也可能存在冲突,一旦发生这种情况,效忠组织的行政人员职责要求与维护公共利益的伦理要求之间的矛盾就对行政人员提出严峻的伦理考验。若行政人员为了组织利益而牺牲公众利益,就会导致公共行政责任伦理的缺失。

□ 3. 利益冲突

现代政府是社会公共事务的治理者,是公共服务的提供者。政府的基本职能体现在它对社会公共利益的维护上,离开了这种公利性,政府便失去了合法性根基。然而,政府除了具有公利性之外,也有自身的利益追求。在现实社会中,政府的自利性是一种客观存在。就地方政府而言,不同区域政府之间、上下级政府之间存在利益之争;就政府各职能部门而言,部门之间、部门与地方政府之间也存在利益之争;就行政人员而言,他们同样也具有不同的利益取向。

可见,政府利益表现为行政人员个体利益、政府自身利益以及国家与全民利益三个方面。这些利益冲突的解决很大程度上依赖行政人员的私人领域和公共领域相关的价值观,行政人员需要找到合理的理由向公众、上级组织、自己证明其选择的价值的正当性。这种辩护过程,强化了行政人员对行政伦理实践的肯定性认识。在此基础上,行政人员会要求自己在作出决定、执行决策以及自我评判时,保持一致性和连续性,做一个具有道德价值自觉的“行政人”。

□ 4. 准则冲突

准则冲突就是价值标准冲突。主要表现为地方政府及其工作人员履行公共行政职能时,是选择依靠多数人还是少数人。对此,有一种观点强调,要从总体上提高社会所有人的满意度,而不在意某一部分群体的利益受损,即注重所谓“最大多数人的最大幸福”原则。[①] 这一标准对公共行政的价值取向产生了广泛和深刻的影响。而以罗尔斯为代表的正义理论则与之相反,强调保障个人自由、起点公平、少数人的权利,将伦理标准的关注点由“最大多数人的最大幸福”转向“惠及最少数最不利者”的最起码的社会道德正当性层面。

实际上,上述两种标准是可以互补的。但这两种不同的伦理标准却给行政人员带来两难的困惑。事实上,对于地方政府及其行政人员而言,他们如何协调公共利益与多数人利益、少数人利益,并确保责任伦理的实现,是一个长期而艰巨的任务,这一过程将伴随伦理准则中的两难冲突而持续存在。

■ 四、强化公共行政责任伦理的应对之策

强化行政人员的公共行政责任伦理是一项系统工程,必须构建完善的公共行政责任伦理制度以应对行政人员伦理缺失的现状,通过制度安排强化行政人员的公共行政责任伦理,实现应然与实然的统一。我们可以从自律(道德激励)和他律(制度约束)双重视角来解决当前公共行政责任伦理缺失的问题。

---

① 尼古拉斯·亨利:《公共行政与公共事务》,项龙译,华夏出版社 2002 年版,第 389 页。

■ (一)制度约束:基于人性假设和公共性特质

在社会生活中,每个个体都具有经济人的特性,具有在现有的政治、经济、法律条件下有追求个人利益或集团利益最大化的倾向。但公共行政领域的特殊性在于公共行政责任主体对公共资源的掌握和配置,公职人员被赋予了一些特殊职责,他们在这一领域追求个人利益最大化是不具有合法性的。因此,如果没有强大的社会约束、制度约束,没有形成清晰的责、权、利的对称机制,公职人员的公共伦理便不会有被激励与优化的可能。由此,我们可以达成这样一种共识,即构建现代公共行政责任伦理体系,关键在于确立一种外在的制度性约束框架。

□ 1. 加强伦理道德的法制化建设

伦理制度化为强化公共行政责任伦理提供了坚实的基础和强有力的保障。伦理制度化将道德的非强制性转化为以法律、制度为后盾的强制性,突出了制度的约束作用,对政府政策的制定与实施、对腐败的治理、对道德缺失的补救,以及对行政人员的行为规范和道德建设都有着重要的规导作用。我们要把依法治国和以德治国的基本方略有机结合起来,加快建设和完善公共伦理、行政道德立法,依靠法律建立一套勤政廉政的公共伦理和公职人员道德制度,促进公职人员道德养成,通过法律、制度来规范政府及其工作人员的行为。

(1)要进行公共行政责任伦理立法,通过公共伦理法律法规将责任伦理上升为一种集体性的道德裁决标准,以克服和削弱行政人员的自利性动机。

(2)建立公共行政责任伦理评价机制,考察和判断行政人员的行政行为是否合道德性,结合具体的行为动机,作出适当的公共行政责任伦理评价,并将此评价作为行政人员任职、升降、惩罚的必要条件,用制度增强行政人员的责任意识。

(3)加强对行政主体的责任伦理教化,使公共行政人员从心底认同并按照上述规则行使公权力,使责任伦理成为每个行政人员的必备素养。

□ 2. 推动制度的伦理化检验

强化行政人员的责任伦理,推进制度的伦理化,首先,要从源头上确保制度的合伦理性、合道德性。其次,应把伦理道德作为标尺,对制度进行前期的道德评判,制定规章制度都要以一定的道德性为前提和基础,在制度中体现本身所蕴含的伦理追求和价值观念,将制度看作伦理价值的外显形态。最后,应将静态化的制度内化为行政人员内心的伦理标准,不断提升行政人员的伦理价值和道德精神追求,激励个体作出合乎伦理制度的行为,更好地实现强化行政人员责任伦理意识的目的。

□ 3. 完善公共行政责任伦理的监督问责机制

推动伦理道德的法制化建设只是公共行政责任伦理建设的一个环节,再完善的法律和制度,只有切实贯彻执行,才能发挥它在公共伦理实践中的规范和约束作用。因此,公共伦理监督也应受到重视。伦理监督是公共行政职能得以顺利实施和行政权力得以合理行使的重要保证。实施伦理监督既需要完善政府组织内部不同职能部门之间的监督机制,又需要群众力量、舆论力量等社会力量对行政活动的监督。只有这样才能不断提高行政人员的道德水平,促使行政人员实现自律与他律的统一,并以公共伦理的基本规范为评价尺度,作出正确的抉择。

总之,政府及其工作人员不仅要合法、合理,且要"合德"地使用公共权力,自觉接受"良知"和"道德"的追问。一旦公共行为与"良知""道德"发生矛盾,在制度性条件的约束下,行政人员应自觉地服从"良知"和"道德"。

(二)道德激励

一个良好的政府治理首先需要依赖法治,但仅凭这一途径是远远不够的。道德激励能够有效补充法治的不足。从根本上说,行政人员既不是纯粹的"经济人",也不应仅停留在普通的"社会人"水平。公共行政领域的特质决定了公职人员应被定位为"公共人"。在私人领域,经济人追求自身利益最大化,是可以产生合理性的道德化结果的,而在公共领域中追求个人利益最大化,必然会产生不道德的结果。积极的公共行政改革不是要通过引进市场竞争机制来顺应行政人员的经济人一面,而是要运用市场竞争原则来规导他们的行为。通过唤醒他们作为公共人的责任意识,推动其进行自我规范和自我约束。制度约束的理想状态是充分彰显行政人员"公共人"的特性,增强行政人员的伦理自主性。

1. 完善行政人员的公共伦理人格

公共伦理人格是一种致力于实现行政价值的高层次人格,它是行政人员的权利、义务、尊严、品格融合而成的道德自律行为模式,是公共伦理道德与行政良心统一的综合体。

在伦理实践活动中,行政人员总是要面对复杂的价值冲突,在作出合乎自身职业角色的判断和选择时,也会受到外在的制度性的约束。但是外在的制度本身并不总是完善的,在缺少外在因素的有效监督下,行政人员能否出色地履行职责和义务、承担公共责任,取决于其内在的道德自觉和信念。此外,任何外在的制度机制都是由人设定并由人来实现的,行政人员不可能一直保持价值中立,他们有自己的偏好和价值追求,这些个人的价值观和信仰会影响其公共行政活动,以及其在价值发生冲突时的抉择。因此,制度性约束实现的好坏,很大程度上取决于行政人员对它的诠释、理解和认同。正义制度的真正实现依赖拥有正义美德的人。

由此可见,行政人员作为公权力的直接行使者,不仅要求具有与社会公众一样的普通人格,也要构建独有的伦理人格,做到自觉地把行政的、法律的责任义务转化为道德的责任义务,把公共行政的价值信仰内化于心,升华为主体的德行,提高自身在角色冲突和道德义务冲突之间进行正确决策的能力,作出合乎公共行政责任伦理的价值判断,不断提升自身道德修养,从根源上强化行政人员的公共行政责任伦理意识,实现政府廉洁、治理高效、社会公正。

2. 培养行政人员的职业价值观

行政人员的道德人格是在公共行政实践过程中形成的,是行政人员道德潜能与职业理性的融合体。在行使公权力时,行政人员不仅要依据外在的制度性,还要以是否符合公共利益、是否有利于经济社会高质量发展、是否具有效能、是否彰显公平正义等行政伦理精神和价值目标为衡量标准。

当前,政府组织及其工作人员具有很大的自由裁量权,而现行的法律和制度对自由裁量权仅给出较为宽泛的指令性意见,这就导致行政人员是否能公正地行使公权力,很大程度上依赖于其伦理价值观和职业道德。因此,培养行政人员的职业伦理观,使其在公共行政过程中逐步形成一种伦理意识,对强化其公共行政责任伦理意识发挥着不可替代的作用。

公职人员的职业价值观既能够对行政人员的自由裁量权的行使提供指导,也能够强化行政人员的道德意志和公共行政责任伦理意识,从而确保行政人员作出更符合公共利益取向的公共决策,激发行政人员的积极性和创造性。

□ 3. 强化行政人员的道德意志

所谓道德意志就是社会主体在道德行为动机确定和付诸实施的过程中所表现出来的克服困难、排除障碍的毅力和能力。在公共伦理实践中,行政人员会遇到各种阻力和困难,例如,客观方面的外部社会条件限制、既得利益者的阻挠、错误舆论的责难等,以及主观方面的自身能力的限制、利益的冲突、生理或心理的情绪状态波动等。

面对主客观因素的困扰,行政人员如果缺乏相应的道德意志或道德意志薄弱,就无法作出相应的道德行为;反之,行政人员如果具备坚强的道德意志,那么,他不但可以将道德认识转化为道德情感,并将这种情感落实在行动中,还能够克服不道德的动机,进而作出相应的道德行为,实现预想的道德目标。

总体而言,行政人员有效行使公共权力、合理承担公共责任需要外在的制度机制的限制,也需要行政人员的道德理性。制度规范能做到的至多是迫使行为合乎律令,道德自律则能让行政主体自觉服从法律法规。在现实的公共伦理实践中,应寻求法律法规与伦理责任机制的有效结合,才能保证行政人员践行负责任的行为,让公共伦理精神和价值目标彰显于公共实践中。

■ 第二节　公共伦理中的担当

中国特色社会主义进入新时代,党中央提出了"四个全面"的战略布局,体现了我国政府及其工作人员肩负的历史使命与时代责任。2013年6月,全国组织工作会议召开,习近平总书记提出"信念坚定、为民服务、勤政务实、敢于担当、清正廉洁"的新时代好干部标准。党的十八届六中全会提出了"党的各级组织要旗帜鲜明为敢于担当的干部担当,为敢于负责的干部负责"要求。中央和地方一直在努力探索并推进改革之策,成效逐步显现。但仍有少数领导干部抱持求稳怕乱、不担当不作为、多一事不如少一事的消极态度,影响公职人员队伍锐意进取、干事创业的精神面貌,影响政府的权威和公信力。在建设责任政府的背景下,必须建立符合干部担当的伦理追求、道德原则和价值判断标准,促进公职人员勇于担当,形成更加积极的政治生态和政治伦理体系。

■ 一、担当的内涵与时代意义

《现代汉语词典》对担当的释义是"接受并负起责任"。就其行政内涵而言,担当是指行为主体接受并且主动承担相应的义务、职责和过失,意味着"在其位、谋其政"的履职尽责精神,"知其难为而为之"的执着追求,"明知山有虎,偏向虎山行"的无畏勇气等。习近平总书记对领导集体的担当也有明确的论述,"我的执政理念,概括起来说就是:为人民服务,担当起该担当的责任"。公职人员,尤其是党员领导干部,必须坚持原则、认真负责,面对大是大非敢于亮剑,面对矛盾问题敢于迎难而上,面对危机敢于挺身而出,面对失误敢于承担责任,面对歪风邪气勇于坚决斗争。可见,公共伦理中的担当,体现为政府及其工作人员不推诿、不逃避责任、积极进取、勇于创新。

■(一)强调担当是因为历史责任极其重大

越是责任重,越要强调担当。当前,党和政府最重要的责任就是坚持和发展中国特色社会主义、实现中华民族伟大复兴。中国特色社会主义道路"是在改革开放 40 多年的伟大实践中、在中华人民共和国成立 70 多年的持续探索中走出来的,是在对近代以来 180 多年中华民族发展历程的深刻总结中、在对中华民族 5000 多年悠久文明的传承中走出来的。"①我们必须通过对历史的深入思考总结经验,做好现实工作,更好地走向未来,不断交出坚持和发展中国特色社会主义的合格答卷。

■(二)强调担当是因为当前形势极其复杂

当前,国内外环境发生了广泛而深刻的变化。我国发展环境面临一系列突出矛盾和挑战,呈现出短期矛盾和长期矛盾叠加、结构性因素和周期性因素并存等特点。解决这些突出的矛盾与问题,迫切需要我们有直面困难的勇气、履职尽责的意识、勇于担当的精神。要深刻认识党面临的执政考验、改革开放考验、市场经济考验、外部环境考验的长期性和复杂性。"领导者要深入了解国情,了解人民的所思所盼,要不断增强工作能力,要有'如履薄冰,如临深渊'的自觉,要牢记人民的利益高于一切,牢记责任重于泰山,丝毫不敢懈怠,丝毫不敢马虎,必须夙夜在公、勤勉工作。"②

■(三)强调担当是因为存在着松散懈怠现象

强调担当并不是空穴来风,而是有的放矢,具有鲜明的针对性。担当意识是当前一些领导干部的软肋。有的公职人员在其位不谋其政,遇到矛盾绕道走,遇到群众诉求就躲着,推诿扯皮、敷衍塞责,致使小事拖大、大事拖"炸";有的不敢批评、不愿批评,怕得罪人,怕丢选票,搞无原则的好人主义;有的对工作拈轻怕重,对岗位挑肥拣瘦,遇事明哲保身,面对名利又争又抢,出了问题上推下卸。这样的精神状态是干不好事业的。正是如此,习近平强调要"深刻认识党面临的精神懈怠危险、能力不足危险、脱离群众危险、消极腐败危险的尖锐性和严峻性","深刻认识增强自我净化、自我完善、自我革新、自我提高能力的重要性和紧迫性","坚持底线思维,做到居安思危"。③

---

① 习近平:《在对历史的深入思考中更好走向未来 交出发展中国特色社会主义合格答卷》,《人民日报》,2013年 6 月 27 日。

② 习近平:《坚定不移走和平发展道路 坚定不移促进世界和平与发展》,《人民日报》,2013 年 3 月 20 日。

③ 习近平:《毫不动摇坚持和发展中国特色社会主义 在实践中不断有所发现有所创造有所前进》,《人民日报》,2013 年 1 月 6 日。

■ 二、干部担当的伦理维度

从公共伦理视角来看,干部担当的主要理论基础在于责任伦理和信念伦理。马克斯·韦伯把伦理学分为责任伦理和信念伦理两部分。信念伦理是行动者以最终价值作为自身最高层次的道德准则,而责任伦理则强调对可预见性的行为后果的承担,行为者要对其自身行为后果承担相应责任,要理性而审慎地行动。韦伯的伦理观表明,政治主体要以虔诚的、超功利的态度给自己确立政治信仰并对行为结果负责,体现责任伦理和信念伦理对政治主体行为与选择的引导与规范作用。

■ (一)信念伦理维度

信念伦理蕴含着公共行政主体勇于担当的价值和目标取向,强调权力就是责任,责任就要担当。在我国,"党政军民学,东西南北中,党是领导一切的"。能否担起这份责任,是对党的领导干部担当精神的考验。各级党员领导干部和党员公务员必须时刻牢记岗位就是政治责任,要深入开展理想信念宗旨和党风廉政教育,唤醒党员领导干部的党性观念、组织意识,强化问责,落实主体责任。《关于进一步激励广大干部新时代新担当新作为的意见》指出,各级党委(党组)要大力加强干部思想教育,引导和促进广大干部强化"四个意识",坚定"四个自信",切实增强政治担当、历史担当、责任担当,进一步激励广大干部新时代新担当新作为。

■ (二)责任伦理维度

责任伦理从道德的高度对公共行政主体的行为提出要求,即必须按照社会公众所公认的道德标准行动,并对行为后果负责,从而实现公共行政责任与干部责任、法律责任与道德责任、主观责任与客观责任的统一。公共行政主体要在严明的纪律和明确的责任的规导下,确立公共行政主体为人民服务的信念,发扬革命传统和优良作风,与时俱进,改进不足,更好地忠于职守、担当奉献。

■ (三)制度伦理维度

更具约束力的制度伦理是以法律制度强化公共行政主体责任担当的方式和手段。制度通过联结个体道德与法律体系的有关互动措施,为公共行政主体提供明确的行为规范,呈现出从外在强化转化为个体内心道德修养的特征。通过制度规定和运作体现的道德价值导向,有利于引领公众树立正确的社会价值观,树立科学的服务理念,进一步净化行政生态,通过制度约束塑造公职人员责任伦理人格。

■ 三、公共伦理担当的基本要求

首先,政府决策与行政行为必须坚持党的路线、方针和政策,符合、维护、增进公众的利益和福祉,若政府及其工作人员的行为或制定的规则违法违规,与党和国家政策严重不符,就必须承担相应的责任。

其次,政府在公共行政系统内部应承担相应的责任,包括行政人员对上级领导负责,行政领导对党和人民负责,行政人员对其岗位职务负责。

再次,政府及其工作人员在违反法律规定的义务、违法违规行使职权时,必须勇于承担相应的责任,要依照《公务员法》《行政诉讼法》等相关法律规定,承担责任并赔偿相应损失。

复次,政府及其工作人员在执行公务时必须勇于承担责任,行政人员的执法行为既要正确也要正当。即地方政府的任何行政行为不仅要符合法律要求,还必须符合人民与社会所要求的伦理道德标准与行为规范,不仅不得违反责任伦理,而且还要有责任和义务身体力行和带头倡导一种良好的社会伦理道德风范,政府的任何行为都应履责、践德、行善。

最后,勇于担当、善于担当,是政府及其工作人员责任伦理的基本规范。在一些异常或非常情况下,政府及其工作人员更要提高预见能力、救治能力以及恢复能力,善于把握异常或非常情况的根源、本质及其表现形式,分析它们造成的冲击,并通过预防、事件识别、应急决策、应急处理等方案措施,更好地应对异常或非常情况。

四、强调公共伦理中担当的原因

(一)强调担当是中国特色的政府行政体系的要求

当代中国,中国共产党是领导核心,这种政党体制下的行政体系安排对中国共产党及其政府的担当提出了更高的要求;须责无旁贷地担负起国家和民族整体的和长期的重大责任,其长期奋斗目标就是把我国建设成为富强、民主、文明、和谐、美丽的社会主义现代化强国;其近期目标就是"两个一百年"奋斗目标,每一级政府都是实现这个奋斗目标过程中的重要环节,都有接力的责任和义务。正如习近平总书记所说:"我们的责任,就是要团结带领全党全国各族人民,接过历史的接力棒,继续为实现中华民族伟大复兴而努力奋斗,使中华民族更加坚强有力地自立于世界民族之林,为人类作出新的更大的贡献。"

(二)强调担当符合我国各级政府的性质

我国各级政府是全心全意为人民服务的人民政府。勇于担当就是要坚持党和人民的事业第一、人民利益第一。在个人利益与党、人民的利益不一致的时候,要能够毫不踌躇、毫不勉强地服从党和人民的利益。如果遇到问题,不是首先想到自己应担当什么样的责任、作出什么样的贡献,而是一味地考虑和计较特殊集团或个人的得失,就谈不上什么担当。不敢负责,没有担当,说到底还是因为把特殊集团的利益或个人得失看得太重。

(三)强调担当是传承中华民族的优良传统的需要

敢于担当的精神深深植根于中华民族优秀文化传统。在中华传统文化中,担当不仅是修身齐家的需要,更是治国平天下的需要。中华传统文化崇尚担当精神,诸如"鞠躬尽瘁死而后已""苟利国家生死以,岂因祸福避趋之""先天下之忧而忧,后天下之乐而乐"等这些名臣名言传诵千古。当然,中国传统文化中也有糟粕性的东西,对那些具有负能量的观念需要保持清醒头脑,并用党性修养自觉抵制。中国共产党领导下的人民政府及其工作人员应尊崇和继承中华民族勇于担当的优秀传统。

五、强化公共伦理中干部担当的实现路径

(一)个人责任伦理路径

行政主体的责任伦理理念根植于公职人员的良知、忠诚、认同的信念中,与其自身对责任的认知有关。因此,公职人员的责任伦理路径是以自觉、内省的方式完善个体道德观的伦理诉求。

1.强化个体的信念伦理

公职人员要牢记自己肩负的重任是努力实现公共利益。任何责任都是建立在信念的基础上的,公职人员的这种服务人民、尽职尽责信念要落在勇于担当负责、积极主动地履职行为上面。面对错综复杂的大千世界,面对来自各方的种种诱惑,各级政府及其工作人员在任何情况下都要稳得住心神、管得住行为、守得住底线,堂堂正正做人、清清白白做官、干干净净做事,始终保持为人民服务的初心与本色。

要让"三严三实"(严以修身、严以用权、严以律己,谋事要实、创业要实、做人要实)成为各级政府及其工作人员公共伦理的基本规范。要做到有担当,还需要提升能力,"责重山岳,能者方可当之"。政府及其工作人员要通过刻苦学习、用心实践,不断提高分析和解决问题的能力,要能负责、会负责、负好责,处理矛盾和问题要有勇有谋、有胆有识、有礼有节。

2.强化个体的美德伦理

在传统的政府治理过程中,通过完善官德来提高官员道德责任感是普遍的共识。比如,儒家认为"内有圣人之德"就能自然而然地施行王者之政,能成为"仁人",而无须外在行为规范的控制。可见传统公共伦理是极其注重道德自律的。公职人员的道德主体自律性主要体现在认识上的自觉、情感上的自愿与行为上的自主选择。

因此,美德伦理是公职人员在深刻理解道德必然性后所形成的一种理性自觉与坚定的道德信念。公职人员要能够根据自己的道德价值目标进行具体行为,自主地把一般性的公共伦理规范转化为具体的指令,在公共伦理规范存在冲突的情况下,正确履行职业道德规范,勇于作出自己的道德价值选择,遵循正确的公共伦理准则。

由此可见,信念伦理与美德伦理起着影响公职人员内心行为选择的作用。强调干部担当,就需要把信念伦理、美德伦理内化于心,公职人员需要在内心树立责任意识,加强自我规范,做到慎独与自律。

(二)岗位伦理路径

公职人员承载着不可推卸的责任伦理要求,这一要求的核心体现在以公共利益为基础的伦理体系之中。一方面,所有的公权力都来源于人民,政府及其工作人员拥有人民

赋予的权力,就应承担为人民服务的责任,只有按照人民意志行使权力才是正义的。另一方面,干部担当本质上是充当人民利益的保障力量。公职人员作为公共权力的主体和公共利益的维护者,承担着人民群众对政府的政治期望。

□ 1. "在其位,谋其政"是公职人员道德的应有之义

公职人员工作的最根本的特点就是依法运用人民赋予的权力,管理社会公共事务,提供公共服务。公职人员道德的政治性要求公务员必须忠于国家,拥护政府,这是公职人员的义务和天职。可以说,公职人员道德是一种道德准则。

新时代,强调"奉公、守法、忠诚、负责"的公职人员道德,就是要使广大公职人员出于公共伦理的自觉,将全心全意为人民服务的意识化作自身履职的精神追求,牢记人民对美好生活的向往就是我们的奋斗目标,时刻不忘我们党来自人民、根植人民,以牢固的公仆意识践行初心。

□ 2. 具备职与责的一体化思维

公职人员作为人民的代理人、人民权力的行使者,享有法定的岗位职权,应对人民负责,必须承担起行政责任,并对自己的行政行为负责。公职人员的担当要落实到各个方面,既要有党和国家这样宏观的、重大的、整体的担当,也要有各个领域、各个岗位、各个环节的具体担当。没有具体担当,宏观的担当就会落空。广大公职人员,尤其是党员领导干部,在面对大是大非、政治原则的问题上,绝不能含糊其词,更不能退避三舍。

□ 3. 坚持以人民为中心

公职人员要把全心全意为人民服务作为公共伦理的价值归宿。作为承担、履行政府职能的公职人员,他们的行为往往代表国家形象,体现国家意志。当前,从公职身份与职业道德规范的伦理要求出发,尽责勤勉、干事创业、为民谋利,是公职人员遵循公共伦理的基本原则。公职人员道德要求必须以人民利益为旨归,将权为民所用、情为民所系、利为民所谋的价值信念作为公共伦理的根本标准和道德要求,把实现好、维护好、发展好最广大人民群众的根本利益作为公共行政的出发点与归宿点。

（三）制度伦理路径

制度伦理观认为,公职人员不能仅仅考虑个人层面的自律及道德的约束,而忽视团体、法律、制度、体制、职业方面的道德,否则伦理道德就会流于片面。只有通过加强制度化建设,才能有所成效。

案例:培养关爱并重,坚持事业为上选贤任能

□ 1. 强化干部担当要落实到选人用人制度上面

习近平总书记指出,"是否具有担当精神,是否能够忠诚履责、尽心尽责、勇于担责,是检验每一个领导干部身上是否真正体现了共产党人先进性和纯洁性的重要方面。"随着改革开放的深入,党和国家的事业面临的发展阻力越来越大,深层次矛盾越来越多,能不能承担风险,敢不敢迎难而上,成为各级党委、政府和领导干部面临的严峻挑战。不能乱作为,也绝不允许庸政、懒政、躺平。

对于现行的一些制度和政策不利于敢于担当的干部脱颖而出的情况,要及时改善,要把敢于担当作为选人用人的重要导向,健全干部考核评价体系,让那些有锐气、

勇作为、敢担当的干部得到重用。2014 年中共中央印发的《党政领导干部选拔任用工作条例》更是鲜明地将"敢于担当"作为高素质党政领导干部的重要标准写进总则第一条。

□ 2. 强化干部担当要落实到岗位责任制

当前,有些部门和单位之间存在工作推诿扯皮的现象,这与目标责任不明确、工作任务没细化有很大的关系。因此要健全人人负责、层层负责、环环相扣、科学合理、行之有效的工作责任制。要对责任进行科学的分解,把目标任务分解到部门、具体到项目、落实到岗位、量化到个人,以责任制促落实、以责任制保成效,形成一级抓一级、层层抓落实的工作局面。领导干部的责任担当突出表现在如何推进改革方面。各级领导干部要与时俱进地推进改革开放,既要管宏观,也要统筹好中观、微观。要把工作要点确定的任务逐项明确,如责任单位、责任人、时间进度,要按照时间表、路线图,强化责任、明确分工,找准工作的着力点,拿出经得起检验的履职成果。

□ 3. 强化干部担当要落实容错纠错机制

容错纠错机制设置是互为补充的,容错机制作为纠错机制的前提,并非消弭错误,而是限制权力的潜在效能;纠错机制作为容错机制的补充,并非权力的自我救赎,而是为了更快地发现错误,并通过合理纠正规避错误,实现对权力运行过程与结果的科学调适。容错纠错机制通过合理地纠正来规避错误,从而更好地提升领导干部和普通公务员的履职服务能力,有效地激励广大公职人员充分发挥聪明才智,通过"能为""勇为""善为"营造锐意改革、攻坚克难的良好行政生态。

■ 第三节 公共伦理中的服务

公共伦理的本质在于追求行政过程的伦理价值及行政人员的道德完善,即公共行政的道德化诉求。公共伦理核心价值指的是在公共伦理价值体系中处于主导地位并具有导向功能的核心价值理念。为人民服务是社会主义行政道德的核心,也是服务伦理的集中体现。公职人员是人民的公仆,为人民服务是他们的基本职责,服务是公共伦理的核心价值理念。

■ 一、服务与伦理的关系

■ （一）服务的伦理意义

服务有两层内涵,一是为国家、集体、他人的利益而工作;二是为某种事业而奋斗。服务既是政府公共行政的核心职能,也是政府公共伦理的核心价值。服务之所以是政府职能的核心,在于它满足了作为公共伦理核心价值的三种规定性要求。

□ 1. 服务揭示了"公权"与"公利"的道德关系的实质

公共伦理本质上是公共行政领域中的伦理。"特定的利益关系原则是行政伦理的本质所在,特定的权利义务关系是行政伦理最基本的组成要素"①。公共行政的利益原则是政府要对公共利益和公众诉求作出积极的回应,行政人员承担着为公共利益服务的责任与义务,而不能以追求行政组织自身利益为目的。

□ 2. 服务反映了政府行政过程中公共伦理的必然价值取向

政府活动的过程即权力运用的过程,是政府机关对国家和社会公共事务进行管理的过程。目前,我国社会治理体制正历经从"管理"向"治理"的转型,一字之差体现的是全面深化改革时期党的执政理念的变迁,体现了政府治理从"管理型"向"服务型"的发展方向转变。服务型政府坚持"以人民为中心"的工作导向,即使存在对社会的干预和调控措施,也是以服务的价值取向为根本宗旨的。

□ 3. 服务是塑造公共行政中各种公共伦理价值独特性质的关键因素

政府及其工作人员作为公权力的执掌者和公共事务的治理者,不仅是政策的执行者,也承担着广泛的社会责任,公平、效率、民主、正义等都是政府追求的基本价值。在各种公共伦理价值中,"服务"作为公共伦理核心价值具有决定性的意义,是公共伦理价值的重要内容,在一定程度上决定了着其他价值理念的基本方向和倾向。

■ (二)服务道德的本质

服务道德是指公共行政部门、行政人员在实施公共行政活动的过程中,为社会公众提供各种服务所要遵循的道德规范与道德要求,是行政人员在履行服务职责时所应遵循的行为规范和道德准则的总称。与其他行业的服务道德相比,公共伦理中的服务道德有其自身特点。

□ 1. 全心全意为人民服务是行政人员的服务观念

行政人员必须坚持全心全意为人民的服务观念。为人民服务是行政人员应尽的职责和义务,只有树立了为人民服务的思想,时时想着人民群众的利益,才能坚持全心全意为人民服务的原则。全心全意为人民服务还要求行政人员必须正确处理好同人民群众的关系,真心真意地为人民服务。只有深入人民群众之中,与人民群众同呼吸、共命运,想群众之所想,急群众之所急,才能更好地发挥治理和服务的作用,推进公共行政目标的实现。

□ 2. 认真负责是行政人员为人民服务的态度

坚持服务道德原则必须具备认真负责的服务态度。认真负责是行政人员最基本的职责要求,为人民服务必须具有认真负责的态度。只有认认真真为人民群众办好每一件事情,尽职尽责地履行好自己的职责,才能得到人民群众的承认和接纳,才能得到人民群众的拥护和支持,才能出色地完成工作任务,从而实现公共行政的目标。树立认真负责的工作态度要求行政人员必须正确处理好公事和私事的关系,正确处理好上级交办的工作同群众请办的工作的关系,正确处理好分内工作和分外工作的关系,正确处理好常规工作和突发事件的关系。

---

① 中共中央马克思恩格斯列宁斯大林著作编译局:《马克思恩格斯选集(第4卷)》,人民出版社1972年版,第166页。

□ 3. 付诸实践是行政人员为人民服务的行动

全心全意为人民服务不能仅停留在口头上、文件上,而是必须深入到客观实践中,落实到行动上。实践证明,是否把为人民服务付诸行动、付诸实践,是衡量一个行政人员是否具有为人民服务意识,为人民服务意识是否真实、是否强烈的重要标准。坚持全心全意为人民服务必须有具体的服务行动。

■ (三)服务道德建设的主要途径

□ 1. 强化服务意识

首先,要强化服务意识,要使每一个行政人员要在内心深处建立一种真正的、自觉的服务观念。行政人员要加强服务道德意识,对新情况、新形势进行深入细致的分析思考,不断调整自己的认识,不断适应新情况,使自己的服务意识符合时代精神。其次,行政人员加强服务意识修养,还要多实践,在实践中提高自己的道德修养水平,不断完善自己的人格,塑造不朽的人格魅力。

行政人员只有不断地进行道德实践,才能在实践中深刻认识增强服务意识的必要性与重要性,从而不断强化自己的服务道德意识。此外,行政管理部门要不断地对行政人员进行服务意识教育。一方面,要激发行政人员的服务热情,引导其把全心全意为人民服务作为实现自己人生价值的最高追求。另一方面,还要健全和完善服务责任制,使每一个行政人员在自己的岗位上做到任务明确、责任清晰、认真履职,从而使服务工作规范化与制度化。

□ 2. 培养服务队伍

服务道德建设的关键在于服务队伍建设,没有一支信念过硬、政治过硬、责任过硬、能力过硬、作风过硬的服务队伍,是不可能为人民群众提供优质服务的。因此,政府机关必须下决心,培养一支优秀的服务队伍。首先,要努力提高行政人员的服务意识、责任意识、道德意识和团队意识,提高行政人员的政治素养和思想道德素质;其次,要努力提高行政人员的业务素质,通过不同途径和形式提高全体行政人员的科学文化水平,使行政人员成为所管辖业务领域的专家;再次,提升行政人员的管理能力和服务能力,树立踏实务实、认真负责、谦虚谨慎、任劳任怨的工作作风。

□ 3. 提高服务质量

要实现为人民服务,就必须努力提高行政人员的服务质量。服务质量如果差强人意,服务所具有的道德意义就难以充分彰显。因此,必须培养行政人员的服务质量意识,使行政人员对各项工作精益求精、一丝不苟,从而彰显服务本身所具有的道德精神。

首先,要提高行政人员的素质水平。人是公共行政活动中的关键因素,服务质量的好坏取决于行政人员的素质高低,提高行政人员的素质水平是提高服务质量的关键。其次,强化服务质量意识。意识是行动的指南,正确的意识能指导人们采取正确的行动,行政人员必须将服务质量意识贯穿于公共行政的全过程,落实在公共行政的所有环节。再次,建立服务质量责任体系。服务质量的提高不仅需要行政人员树立服务质量意识,还需要建立服务质量责任制度和责任体系,进一步规约行政人员的服务行为,激发他们内心的责任感与负责精神,从而达到提高服务质量的目的。最后,还要建立服务质量评估体系。行政人员是否切实履行了服务责任,履职程度如何,服务责任目标是否实现,都需要通过科学的服务责任评估体系作出客观公正、实事求是的评价,并根据履职情况给予一定的奖惩,从而充分调动行政人员的主动性、积极性与创造性。

二、公共伦理价值的核心——为人民服务

在我国,公共伦理核心价值是一个有争议的话题,其中比较有代表性的有以下几种观点:一是"勤政说",认为公共伦理的价值核心是勤政,目标在于培养和完善国家公务员的行政人格;二是"效率说",认为行政效率在很多情况下难以量化,其工具性价值必须在其他价值规定下才有意义;三是"公平说",认为现代社会中的公共行政致力于实现多种价值目标,其中公平是公共行政的核心价值追求。

这些观点从不同的侧面揭示了公共伦理的价值取向,但没有对公共伦理的基本问题进行回应和阐释。公共伦理的基本问题是公权力与公民利益的道德关系问题,而上述三种观点只反映了当代公共伦理核心价值的一个方面,并不是我国公共行政追求的终极目标。我国公共行政的本质是为人民服务,服务才是政府公共行政的核心价值。

(一)从我国行政机关的性质看

行政机关是国家机构的重要组织形式,国家性质决定了行政机关的性质。"人民性"是我国行政机关的根本属性。马克思在总结巴黎公社的经验教训时曾经指出:"旧政府权力的纯粹压迫机关应该铲除,而旧政府权力的合理职能应该从妄图凌驾于社会之上的权力那里夺取过来,交给社会的负责的公仆。"[①]马克思明确指出了两种行政机关的本质区别,一种是"压迫机关",一种是"社会的负责的公仆",即我们所说的为人民服务的政府。当前,在全面深化改革的攻坚时期,有必要在行政机关中进行以为人民服务为价值导向的职业道德教育,并引导人民正确认识我国行政机关的性质和根本宗旨,保持人民政府的本色。

(二)从行政权力的来源看

在我国,公职人员的权力实质上是一种委托权,人民群众将治理国家和社会公共事务的一部分权力委托给能够代表他们的、能够忠实为他们服务的人,公职人员受人民群众委托行使公权力。在这种委托关系中,有两个基本条件,一是代表人民的利益和意志,二是忠实地为人民群众服务。然而,在现实公共行政活动中,部分公职人员常常以管理者自居,他们忘记了权力的来源,并且夸大了个人作用,这是一些公职人员不能正确行使权力的深层思想根源。必须明确的是,在我国,人民是国家和社会的主人,国家的一切权力属于人民,公职人员的权力是由广大人民群众赋予的。公职人员要正确对待手中的权力,否则极易发生滥用人民赋予的权力的行为,滋生脱离群众的思想。公职人员要正确地

---

① 中共中央马克思恩格斯列宁斯大林著作编译局:《马克思恩格斯选集(第2卷)》,人民出版社1972年版,第376页。

运用权力,关键是树立为人民服务的价值观,将坚定的信念和高尚的道德情操内化为职业道德素养,自觉地抵制权力的滥用,努力为人民服务。

(三)从国家公务员的社会地位看

一切领导干部和其他公职人员,不论职位高低,都是人民的勤务员,所做的一切,都是为人民服务。为人民服务是人民公仆的义务和天职,这是由社会主义性质所决定的。公职人员要做"社会的负责的公仆",关键在于"负责"。不但要有负责的权力和能力,还要有负责的精神。公职人员要有高度的事业心和责任感,以对人民负责的精神做好本职工作,精益求精、尽职尽责,全心全意为人民服务,诚心诚意为群众办实事,为人民群众兴利除弊、排忧解难,力争得到人民群众的拥护与支持。

视频:潘东升:
用生命诠释忠诚的
福州公安局局长

(四)从腐败现象的思想根源看

党的十八大以来,全党以零容忍态度惩治腐败,查处贪官人数之多、级别之高,行动密度之大,涉及领域之宽,都是前所未有的。在社会主义新时代,我们党作为执政党,面临的最大威胁就是腐败,腐败问题如果愈演愈烈,最终必然会导致严重后果。腐败现象的思想根源,就是有些干部忘记了为人民服务的根本宗旨,淡化了公仆观念,是非善恶、荣辱观等发生了错位,从而脱离了人民群众,甚至走向了人民群众的对立面。

要从源头上防治腐败,一方面,必须加强公职人员的纯洁性教育,引导公职人员坚定理想信念,补思想之"钙"、治精神的"软骨病",保持忠诚、为民、务实、清廉的政治本色,从思想根源上遏制腐败。另一方面,还要扎牢制度的笼子,扎实推进惩治和预防腐败制度体系的建设,努力实现不敢腐、不能腐、不想腐的预防腐败目标。

三、服务型政府对公共伦理的要求

服务型政府区别于传统政府的一个显著特征,就是其对公共伦理的重视。在传统行政模式下,行政人员侧重对上级以及对组织决策的服从,追求执行中的效率目标,并将标准化等观念视为其伦理要求的重要组成部分。随着各国公共理念的现代化,在效率观念的基础上,公平、正义等理念也被引入行政活动中,这表明伦理观念的变革并非一个非此即彼的取代关系,而是一个共生相荣的继承发展关系,只不过在服务行政时代,"为人民服务"的观念更加突出而已。与服务型政府相适应的伦理理念和道德精神主要有以下几个方面。

(一)公共精神是服务型政府的首要精神

政府作为公共权力的执行者,其主要职责就是维护和实现社会的公平正义。公平正义不仅是现代社会中政府的制度设计与制度安排的基本依据和伦理精神,而且对于社会效益、政府行政效率的提高都具有举足轻重的意义。一个服务型政府就是要不断提升社会的公正程度,弘扬公正理念,追求公平正义的目标。

■ (二)回应性公共服务是服务型政府的基本职能

服务型政府存在的最终目的就是为人民服务。服务并非理论上的修辞,而是必须落实到具体的工作当中。服务型政府与传统政府的行政行为的出发点有所不同。前者建立在公民权利本位的基础上,政府与公民是一种"主仆"关系,而后者在管理中扮演着主角,即使在新公共管理运动中,政府与公民的关系也只是发展到"店家"与"顾客"的平等层次。服务型政府将自身的管理职能不断弱化,并加强对社会的公共服务职能,提供具有回应性的公共服务,并且将弱化了的公民权利重新提到主体地位,从这个角度上来看,服务型政府践行了"领导就是服务"宗旨。

案例:驻马店市以"互联网+热线+督查"模式打造服务型政府"总客服"

■ (三)服务型政府要求公职人员树立责任意识

服务型政府要求政府及其工作人员能够忠实履行责任和义务,对其行政行为的后果负责。作为行政人员,首先必须依法完成职责任务和组织结构中上级所要求的任务,还必须遵从公民的意志。也就是说,行政人员的各项行为必须以是否符合人民的利益为标准。

■ (四)服务型政府必须体现法治精神

服务型政府建设是以法治为基础的,没有法治就不能保障公民的权利,对政府提供的公共服务的考察也会缺乏责任依据。服务型政府要求行政人员提供人性化的公共服务,把公民权利放在首要位置。传统政府强调自身的主体地位,公民在很多情况下只能选择服从,在法律不完备的情况下,容易出现人治现象。同时,缺乏必要的法律约束,容易滋生法外行政、权大于法等腐败现象。随着现代社会的发展,法律体系不断完善,依法行政、依法服务应成为公共行政的必需。

■ 四、服务型政府的公共伦理建设路径

建设服务型政府,首先要确立与之相适应的伦理理念和道德精神,这不仅关系到我们对服务型政府的理解,而且还关系到我们建构一个什么样的政府。基于此,公共伦理建设在服务型政府实现过程中就显得特别的重要。

■ (一)加强公共伦理法制化建设

在现代国家中,越来越多的伦理规范被纳入社会的法律规则体系之中。公共伦理法制化,就是通过国家立法机关认可或制定,将伦理规范上升为国家意志、法律法规。公共伦理作为"软件"必须通过政治、法律等"硬件"系统才能很好地发挥作用。如果没有相应的硬件系统,再好的公共伦理体系也很难对社会产生实际的影响。近年来,部分地方因屡屡出现行政人员伦理失范而导致政府形象受损的现象,这表明急需出台能直接规范行政人员伦理的法律,将服务型政府对行政机关和行政人员的伦理要求以法律的形式固定下来。

■（二）建立健全公共伦理的监督制衡机制

公共伦理对国家行政机关及其公务员是一种软性约束。公共行政的道德原则与规范的实施，必须与硬性的外在道德监督有机地结合起来才能发挥应有的作用。现代公共行政要求行政人员的公务活动必须受到一系列监督和制约，诸如立法监督、司法监督、行政监督、政党监督、群众监督、舆论监督和社会团体监督等。而其中立法监督和群众监督是重中之重。加强法治监督，逐步使公职人员道德要求法治化，是加强公共伦理建设的重要手段。

■（三）加强公职人员的公共伦理教育

为了促使行政人员树立正确的行政价值观，加强公共伦理教育是必不可少的。一种有效的公共伦理建设路径是通过引导、说服、启示等手段向公职人员传授公共伦理规范，促使他们在内心深处认同这些价值观，进而自觉遵守这些规范并形成正确的行政价值观。可以适时地举行行政人员培训，并在此过程中加入职业伦理的培训课程。具体内容应与时俱进，既要体现新时期我国政治、经济、文化发展的最新成果，也要反映人民对政府及其工作人员提出的道德要求与伦理期望。

■（四）完善"伦理导向"的政府绩效评估体系

建设服务型政府要把公共伦理纳入公务员绩效评估体系中，在公务员的任免、升降等行为中引入道德赏罚机制。美国设有"众议院伦理委员会"，它是对行政人员的行为责任或道德品质的一种特殊的道德评价和调控方式。我国可以设立公共伦理评议、咨询机构，主要负责对行政人员进行公共伦理教育、宣传、咨询、评议和监督，并将公共伦理评议、咨询机构的伦理鉴定结果等直接与行政人员的任职、职位升降、奖励等挂钩，形成用人机制的道德赏罚导向，为公务员的道德行为提供一定的内在动力和外在压力。

■（五）完善道德回报激励机制

道德回报激励机制体现了道德权利与义务的关系问题。一般来说，权利与义务是统一的，没有无义务的权利，也没有无权利的义务。但道德上的权利和义务有其特殊性：道德义务从它产生之时起就不以获取道德权利为目的，行为主体对义务的履行更多是出于道德上的责任感。对于行政人员来说，履行道德义务，不是为了从社会或他人那里得到某种权利和报偿，而且要作出或大或小的自我牺牲。但这并不意味着道德义务是脱离道德权利的孤立的义务。道德主体在履行了一定的道德义务后，客观上要求相应的权利回报。这是现代社会所追求的公正在道德领域的具体体现。因此，要建立完善的公共伦理道德回报激励机制，必须要制定科学合理的绩效考核制度，对行政人员的"德、能、勤、绩、廉"进行评价，并将考核结果同奖惩、工资、职务等挂钩，鼓舞、激励公职人员奋发向上，真正做到以人民为中心，全心全意为人民服务。

本章复习题

1.简述公共行政责任伦理缺失的原因。
2.简述干部担当的伦理维度。
3.简述服务型政府建设的伦理路径。

复习题参考答案

本章参考书目

1.戴维·米勒等:《布莱克维尔政治学百科全书》,邓正来译,中国政法大学出版社 2002 年版。

2.特里·L.库珀:《行政伦理学:实现行政责任的途径》,张秀琴译,中国人民大学出版社 2001 年版。

3.尼古拉斯·亨利:《公共行政与公共事务》,项龙译,华夏出版社 2002 年版。

4.中共中央马克思恩格斯列宁斯大林著作编译局:《马克思恩格斯选集(第 4 卷)》,人民出版社 1972 年版。

第五章
公共伦理中的理性与情感

——本章导言——

公共伦理是一种关于公-私利益关系、权利-义务关系等要素的观念体系,涉及国家和社会治理的价值体系和行政主体的职业规范。理性与情感是公共伦理的重要因素,公共行政行为在一定程度上可以看作公共行政主体的理性和情感交织的外化。本章主要讲述公共伦理中的理性与情感的概念、特征、功能、关系及其协同发展等方面的内容。

■ 第一节　公共伦理中的理性

公共伦理中的理性是一种处理公共事务、维护公共利益的思维方式和规则,是工具理性和价值理性的统一,是个体理性和集体理性的统一,具有认知行政环境、健全决策程序、完善行政生活等功能。

■ 一、公共伦理中理性的概念

理性的含义十分丰富,它作为哲学的概念最早起源于古希腊的逻各斯和努斯。逻各斯的含义是"言谈、词、叙述",而努斯是"看"的意思。马尔库塞对哲学史上曾出现的对"理想"含义的阐述进行了总结:"理性是主体与客体相互联系的中介;理性是一种从特殊到普遍,从抽象到具体的能力;理性是人们用来改造社会和自然获得自身发展的能力;理性是使得人们在社会生活中形成的具有倾向性的东西;理性是思维主体在不受约束的情况下得以摆脱现实的羁绊实现超越的能力。"虽然对于什么是理性,学界莫衷一是,但他们都是认为理性是具有普遍性和确定性的。也就是说,理性是人类认知自然和社会规律,以及探究真理的能力。

现代理性的生成离不开文艺复兴、宗教改革、启蒙运动这三大社会文化思潮。文艺复兴时期,思想家们主张打破上帝的奴役,将人的重要性凸显出来。在这一时期,亚里士多德的哲学思想被人们推崇。他的"至善"理念某种意义上体现了理性。宗教改革时期,马丁·路德发表了《九十五条论纲》。这篇文章不仅在当时引起轰动,还以燎原之势带动了新教的诞生。人们有了思想武器后,就开始了革命。日内瓦的宗教改革就将世俗的活动和宗教相融合,推动了马克斯·韦伯"新教伦理"的发展。启蒙运动则把理性提高到了一个新的高度,主张用理性的视角与方法来解决自然界和社会方方面面的问题,将理性工具化。

工具理性也正是在理性给人类社会发展带来巨大的推动力量之后,才受到学者们的重视,并对其展开研究的。最早提出工具理性的是马克斯·韦伯,他在考察人的行动时发现,工具理性即将人们对外界事物的情况和其他人的举止的期待作为"条件"或者作为"手段",以期实现特定的目的或目标。[①] 工具理性就是要在通往目标的道路上选择最便捷和最有效率的方法,具有定量和计算的特征,可以使用可计算和可预测的技术性方式来确定。

价值理性最初是由马克斯·韦伯在考察人们的行为时提出的与工具理性并行的概念。即通过有意识地对一个特定的行为(伦理的、美学的、宗教的或作任何其他阐释的)、无条件的固有价值的纯粹信仰,不管是否取得成就。

在现代社会中,理性以公有性、公开性、公益性及相互性为基本要素,以平等对话、追求共识为目标,是各方主体处理公共事务所应秉持和遵守的思维方式和公共规则。

■ 二、公共伦理中理性的特征

■ (一)公共伦理中的理性是价值理性和工具理性的统一

价值理性和工具理性是哲学和社会科学领域中的两个重要概念,它们代表了不同类型人类行为动机和思维方式。尽管二者有着不同的特点,但实际上,它们并不是完全独立的,且可以在一定程度上相互融合。

价值理性认为,人类行为的动机和目标是基于价值观念和道德原则的选择。价值理性关注人的信仰、意义和目标,强调人的自我实现和追求个人价值。在价值理性的指导下,人们在决策和行动中会考虑道德、伦理和价值观念,追求符合自己或社会价值观念的目标。工具理性则关注人类行为的效果和结果,强调目的性和实用性。它认为人的行为是为了实现目标,倾向于通过合理的手段和方法达到预期的结果。工具理性强调理性思维、目标导向和效率,追求最大化的效益和资源利用。

公共决策和公共行政行为往往是价值理性和工具理性的综合应用。人们的价值观念和道德原则会指导他们的目标选择和行为方式,而合理的手段和方法的运用也是为了实现这些目标。价值理性和工具理性并不是对立的,而是相互依存、相互补充的。在实践中,统一价值理性和工具理性有助于更好地理解和引导公共行政行为。价值理性可以赋予公共行政行为深刻的意义和明确的方向,使公共行政活动更有价值和目标性;而工具理性可以为实现这些目标提供方法和策略,使行政行为更加有效和可行。

总之,价值理性和工具理性并不是相互矛盾的,而是可以在公共行政实践中统一起来的。在公共行政行为中,我们应该努力融合价值理性与工具理性,实现二者的有机结

---

① 马克斯·韦伯:《经济与社会》(上卷),林荣远译,商务印书馆 1997 版,第 56 页。

合。这样,我们既能够坚守道德原则和社会价值,又能够高效达成行政目标,推动社会的和谐稳定和持续发展。

(二)公共伦理中的理性是个人理性和公共理性的统一

个人理性指的是个体在行为中基于自身利益、欲望和目标,以合理的方式作出决策的能力。个人理性关注个体的自我实现和个人利益的最大化。公共理性则强调在公共行政工作中,公职人员应以公共利益为导向,充分考虑社会整体的利益和福祉。公共理性强调公职人员应遵循法律法规,充分考虑公共利益、公共道德、公平公正等价值,为全体公民提供公共服务,维护公共利益。

在公共伦理中,个人理性与公共理性需要统一起来。领导者在决策和其他行政活动中既要考虑个人利益和目标,又要优先考虑公共利益和社会整体的福祉。他们需要在个人理性的基础上,将公共利益作为决策和行动的出发点,遵循法律法规和道德规范,以确保公共行政的公开、公平、公正。通过统一个人理性与公共理性,公共伦理可以更好地规导公职人员的行政行为,确保他们在公共行政过程中,既追求自身利益和目标,又遵循公共利益和社会价值的原则,把"小我"融入"大我",促进公共利益的最大化。

三、公共伦理中理性的功能

(一)建构行政生活

行政主体建构行政生活是指行政主体对行政活动未来发展的趋势和状况作出合理的估计、设想与推断,并以此为基础制定科学而严谨的行政计划、行政决策、行政制度来有效地规范和约束社会主体的行为。

行政主体之所以能够建构行政生活,得益于公共理性所赋予的能动力量。在认识结果上,公共理性是对行政生活的本质与规律的把握,这种把握是一种能动的把握。公共理性不仅能够帮助行政主体客观地认识行政生活,而且能够超越具体的、现存的行政生活,并对其进行解构和建构。所以,公共理性是行政主体建构行政生活的能动力量,它赋予行政主体预测未来的洞察力、制定计划的创造力、自我克制的规范力。[①]

(二)正确认知行政环境

在行政活动过程中,公共理性是认识行政环境的一种重要的方式和基本的思维能力。与感觉、知觉、表象等感性的认识形式不同,公共理性对于行政环境的认识和把握是本质性的、规律性的慎思明辨,具有严谨与自洽的逻辑思维路径。通过每一个概念、判断、推理及对相关证据的收集、整理与分析,实现对行政环境认识的由表及里、去伪存真。所以,公共理性是行政主体认识行政环境不可或缺的理解力、判断力和评价能力。没有公共理性,主体对于行政环境的把握就只能停留在感性直观层面。

---

① 颜佳华、苏曦凌:《行政理性论》,《湘潭大学学报(哲学社会科学版)》,2010年第5期,第41-45页。

■（三）推进科学决策

行政主体运用公共理性对自身的行政思维方式进行反思，能揭示行政思维发生、发展的一般规律，从而自觉地建构自身的思维方式，并能根据外在环境的变化调整和完善自身的思维方式。

行政人员可以运用理性促进信息的获取和传播，通过开放透明的信息共享和科学知识的普及，了解行政决策所涉及的问题、利益相关方的意见与科学证据。行政人员可以运用理性促进利益相关者通过开展公众听证、专家咨询和对话等形式，参与决策过程，协商与平衡彼此的利益，确保决策的合理性与可持续性。通过开展民意调查、社区讨论和公众参与会议等方式，行政人员可以了解公众的需求与期望，将多元主体的声音纳入决策过程，使决策更符合公众的意愿与期待。

■ 第二节　公共伦理中的情感

公共伦理中的情感不只是一种个人的心理体验，也会影响行政人员的具体行为，具有公共性、强制性和多样性的特征。公共伦理中的情感在国家和社会治理中发挥着回应情感需求、健全治理结构、更好发挥能动性的作用。

■ 一、公共伦理中情感的概念

现实中，人们有时候会把情绪与情感混为一谈。实际上，情绪与情感有明显的不同。情绪是生理层面的，是人们对于各种行为产生的喜怒哀乐等公共。而情感则不仅仅指人的喜怒哀乐等体验，它包括人的一切感官的、生理的、心理的以及精神的感受。《心理学大辞典》对情感的解释是："情感是人对客观事物是否满足自己的需要而产生的态度体验。"情感因素是我国从古至今都绕不开的一个话题。我国是"情本体"社会，又是"人情超级大国"。早在春秋时期，孔子就提出过"仁爱"的思想。后来人们对于情感的理解，从个体的情绪体验，逐渐地转变为人们的需求满足体验。这表明情感不仅仅是一种私人的情绪，更是社会主体间的一种互动情感体现，具有鲜明的社会性。

从古希腊柏拉图开始，西方有关情感的研究就把个体如何驾驭激情、控制愤怒等不良情感，如何过上有节制而美好的生活作为聚焦点。滕尼斯认为，共同情感是社区秩序的建构性力量。社会变迁导致滕尼斯提出的"共同体"逐步消失，而帕特南所描述的"独自打保龄球"现象依然普遍存在，西方现代社区治理正是"对社会变迁导致的社区消极情感的回应"。[①]

情感不只是一种个人的心理体验，它也会影响行动者的行为方式，影响基层治理。因此，公共伦理中的情感是公共治理的重要组成部分，是基层治理共同体成员运用情感策略，通过满足居民的情感需求，促进正向情感的再生，协调各种基层社会关系，构建基层治理共同体情感联结的行为和过程。在治理过程中加入情感因素，就是运用情感策

---

① 孙璐：《社区情感治理：逻辑、着力维度与实践进路》，《江淮论坛》，2020年第6期，第139-144页。

略,满足群众情感需求,干预情感再生产过程,促进社会关系良性互动,营造积极的社群环境。[①]

二、公共伦理中情感的特征

(一)公共性

公共情感的基础既不是阶级利益也不是某一党派的利益,而是全体人民或公民的公共利益;公共情感所对应的行政责任,无论是从服务效率方面的要求还是服务公平方面的要求来看,最终都指向全体人民的公共利益或公共福祉,其本质是公共责任。这就是说,公共情感不像政治情感特别是党派政治情感那样具有很强的党派立场和特殊利益倾向性,也不像其他职业情感那样具有代表特定职业群体利益的倾向性。

(二)强制性

公共情感约束的对象是掌握着公共权力的政府组织和公共行政人员,但仅依靠行政主体的德行很难确保行政主体正确行使公共权力,加之公共权力的滥用会对行政管理对象的权益乃至全体公民的利益造成严重的损害,因而有必要使最起码、最基本的公共情感准则法律化,即建立具有一定强制性的公共情感法规。公共情感的部分要求以"法规"的形式被确定下来并产生约束作用,比以"政治纪律"的形式存在的政治情感和以"职业纪律"形式存在的其他职业情感更具规导性。

(三)多样性

在公共行政实践中,公职人员会发自内心地产生相应的情感,公职人员个体内心情感的形成来源于个体在日常生活中的感受,从最基础的物质体验到高级的精神需求满足,都会在个体内心产生一定的情感反应。每一位公职人员个体因所处的环境和条件不同,对于外界刺激的内心情感反应也是不同的。

三、公共伦理中情感的功能

(一)回应公众情感归属需求

当下,公共行政情境的变化,亟须政府赋权社会,进一步深化政社合作。社会治理主体在"互嵌""互信"基础上形成共融共生的伙伴关系,可以提高公共服务协同供给的质效,提升回应公众情感和需求的能力。公众情感归属需求被漠视往往是因为信息不对称、互动对话机制匮乏,因此我们要借助技术治理平台加强情感治理的居民参与和行政伦理价值濡染,搭建精准化的对话制度体系,拓展沟通渠道,通过共情、体恤、疏导等多种方式增进社区居民的情感认同。

---

① 罗强强、杨茹:《寓情于理:基层情感治理的运行逻辑与实践路径》,《江淮论坛》,2022 年第 5 期,第 158-164 页。

▇（二）健全国家治理结构

国家治理的法-理-情结构需要协调和平衡法治、理性和情感三个要素之间的关系。法治和理性是国家治理的基础和保障，而情感则是国家治理的人文关怀和凝聚力，侧重社会成员之间的情感联系和情感认同，旨在促进社会的和谐与发展。在实践中，国家治理需要平衡法治、理性、情感三个要素，以更好地推进国家治理目标的实现和治理效能的提升。

▇（三）发挥能动作用

公共情感的能动作用对于增强公民对政府的信任与认同，激发公民参与意识、增进公民的合作意愿，以及塑造公民的价值观等具有重要意义。政府和公职人员应重视发挥公共情感的能动作用，通过积极的情感表达和引导，实现良好的行政效果。政府和公职人员能够通过展现关怀、诚信和公正的情感态度，赢得公民的信任和认同；通过展示关注、理解和支持等积极的情感态度，激发公民的参与意愿；通过展示遵法守纪、诚实守信、廉洁奉公等正面的情感态度和行为举止，影响公民的行为规范和价值观念，从而促进社会的公正与和谐。

▇ 第三节　公共伦理中的理性与情感的关系

公共伦理中的理性和情感是辩证统一的关系，两者在人格中相互统一，在行为逻辑中互补，在利益博弈中相互冲突，具有较为复杂的要素关系。

▇ 一、理性与情感在人格中相互统一

"人格"是一个舶来词，是从日语中引入的，是对 personality 的意译。从词源上看，它的词根是拉丁文"persona"，原意是"假面具"，后引申为一个人在生命舞台上所扮演的各种角色，或者指面具之后的真实自我。人格是个非常抽象的、内涵复杂的名词。《辞海》将人格定义为：具有自我意识和自我控制能力，即具有感觉、情感、意志等机能的全体，它是唯一真实的存在，是一切其他存在的基础。心理学、伦理学、哲学、法学、社会学等领域的学者均试图对它进行解释和概括，可谓仁者见仁、智者见智。[①]

在心理学里，人格被称为个性。朱智贤在《心理学大词典》中将人格理解为个性，特指"一个人的整个精神面貌，即具有一定倾向性的心理特征的总和。"[②]而黄希庭则把人格界定为"个体在行为上的内部倾向"，是"具有动力一致性和连续性的自我"，是"个体适应环境时在能力、情绪、需要、动机、兴趣、态度、价值观、气质、性格和体质等方面的整合"，是"个体在社会化过程中形成的给人以特色的身心组织"。[③]

[①]　冯晓坤：《马克思人学视域下的现代性独立人格建构》，沈阳师范大学，2013 年。

[②]　朱智贤：《心理学大词典》，北京师范大学出版社 1989 年版，第 225 页。

[③]　黄希庭：《人格心理学》，浙江教育出版社 2002 年版，第 6 页。

在伦理学里,人格可称为道德人格。人格是"具体个人的人格的道德规定性",即"人与动物相区别的内在规定性",具体表现为"个体通过加入道德关系、参与道德生活和道德实践,意识到自己的道德责任和道德义务以及人生的价值和意义,从而自觉地选择自己做人的范式,培育自己的道德品质,丰富和完善自己精神的世界"。[①]

从社会学意义上讲,人格特指个体在社会化过程中形成的各种行为方式的总和,是一定的社会或文化背景的反映。它要求个体的行为符合现实社会的经济、政治、文化、道德、法律等社会规范的要求。因此,"人格是决定人在社会中角色和地位的一切特性的总和,所以,人格可以定义为社会的有效性。"[②]

综合以上分析,人格可以界定为:人在社会化过程中形成的长期的、稳定的个人心理特征的总和,是一切其他要素存在的基础,是个体内在精神品质的体现。在治理过程中涉及的各类主体都具有的人格特性,具有理性和感性的整体体验。

二、理性与情感在逻辑中互补

理性指概念、判断、推理等思维形式和思维活动。从某种意义上说,理性手段就是科学手段。科学是理性和严密性的化身,科学是以范畴、定理、定律形式反映客观世界各种现象的本质和运行规律的知识体系;是以理性手段对确定的对象进行客观、准确认识的活动及其成果。在理性视野中,世界是不依赖于人与人的主观意识而存在的,是科学认识的对象。客观事物遵循一定的规律,并相互作用,这种相互作用构成了无穷无尽的因果锁链,把这个世界连为一个整体。世界是客观地、有规律地运动着的。社会事物、社会现象是客观存在的,运动是有规律的,对世界客观性的认识、规律性的揭示都需要运用理性的手段。

情感是人们对外界事物所抱持的肯定或否定态度的体现,如愉悦、憎恶、热爱、仇恨等。从某种意义上说,情感诉诸又是人文关怀的重要组成部分。从情感的角度看,世界并非冰冷实体,而是与人们的情感不可分割地联系在一起的。情感紧紧"纠缠"于人与世界的关系里,并在这种关系中凸显人的地位。从情感角度出发,人不再像理性视角中那样渺小平凡,而成为"至高无上"的存在。当理性的目光力图避开人时,情感则始终关注着人,以人的需求作为价值取舍的标准。以什么是"美"和"丑"这一问题为例,美是那些使人在精神上得到愉悦和满足的自然、社会现象和生活的感受和评价;而丑是那些与美相反的,会引起人们厌恶、愤怒、憎恨,使人们感到不愉快的现象的感受和评价。公共伦理学离不开人文关怀,离不开情感的诉求与表达。

在理性的视角下,世界被构想为一个没有观察者主体性作用的客观世界。而在情感的视角下,世界是人所观察到的不排斥主体性作用的世界,是充满人的感情色彩与审美的世界。这两种世界融合在人的活动之中,是与人相通的。理性视角与情感视角是密切相连的,寻求理性精神与人文精神的融通,已成为公共伦理学习与研究的必然要求。

---

① 郭建新、杨文兵:《新伦理学教程》,经济管理出版社1999年版,第334页。
② 时蓉华:《现代社会心理学》,华东师范大学出版社1989年版,第25页。

三、理性与情感在利益中的冲突

在人类社会早期,受实践水平限制,人们的理性思维能力十分低下,理性活动出于生理和种类生存本能,在很大程度上受到欲望、情感等因素的支配。随着认识和实践水平的提高,人类思想中的理性因素逐渐发展,理性在人们活动中的作用逐渐增强,人的活动从主要受非理性因素支配转为主要受理性因素支配。到了近现代,随着科学和实践的发展,理性因素的影响达到了前所未有的高峰,理性与情感之间的冲突逐步显现。这里所讲的"冲突"是一个中性概念,是指为了获取一定的利益而带来的或造成的人们的情感不适状态。虽然从总体而言,理性与情感追求是一致的,但精神情感的满足感有时与理性博弈获取利益后的满足存在一定的差异性,理性在某些方面会对人们已有的情感产生负面影响。

马克思主义认为,人有选择自己行为的自由,能够按照自己的意志去选择自己的行为。但是,这种选择自由受客观条件的限制,只有在客观条件允许的范围内才能实现,如果超越限制,则会失去真正的自由。行政行为的自由是有限度的,不仅会受现实社会的政治、经济、法律、伦理道德等状况的影响,还会受到行政人员在现实社会关系体系,特别是行政关系中的地位等因素的影响。行政行为主体必须,而且只能在当时的客观条件与主观能力所能够选择,并应当选择,以及有可能进行其行政行为选择的范围之内,选择特定的行政行为。当观念意识在利益和评价标准方面不能达到统一时,就会产生伦理冲突。

第四节　公共伦理中理性与情感的协同发展

公共伦理中理性与情感的协同发展是国家治理体系和治理能力现代化的内在要求,也是提升公众参与度和信任度的应然之义。传统文化的赓续和理性与情感的融合为理性与情感协同发展提供了基础,我们可以从强化行政责任、提升治理格局以及加强职业伦理素养教育等维度着力促进公共伦理中理性与情感的协同发展。

一、协同发展的必要性

(一)国家和社会治理的应然之义

政府治理的目的是实现公共利益,但政府官员并不能自动地超越他们的私人利益和特殊利益,将公共利益放在首位。公共权力的滥用、政府官员道德败坏、政府决策的失误体现了政府官员行政行为的自负性。换言之,政府官员或公共行政人员的行为往往不能始终以实现组织目标为导向。个人的理性目标可能不完全与组织目标保持一致,甚至会与组织目标背道而驰。此外,组织中的一些个体和群体可能还会争夺权力来实现各自的目标,支持各自的组织观点。要理解组织,我们必须了解各种理性的形式和目标,也必须了解人类的自私心理和争权夺利的情况。

事实上,由于部门利益分割,公共组织为了维护自己的部门利益,在公共决策过程中往往会丧失理性判断,作出不符合公共利益的错误决策。此外,社会价值观影响和支配着行政人员的社会认知、社会情绪和社会行为,成为行政人员个体或群体在自我决定、处理社会关系时所遵循的价值和道德标准。

当今社会多元价值观共存,拥有不同价值观背景、不同生活环境的人们在利益选择和权利追求等方面呈现出多样化的趋势。这是现代社会发展的一种必然结果。利益多元化、价值多样化对社会主体达成共识和合作提出了一定的挑战。

■(二)提升公民主体参与性的要求

公民的参与,主要体现在参与理念、参与意愿与参与能力等方面。信息化、泛娱乐化使得人们无能力或无意愿参与社会治理。在城市生活中,邻里情感的淡化会导致人们政治参与意愿的下降;信息公开化的程度同样也会影响居民参与的热情。共同的情感记忆会加深居民对于社区的感情,强化居民的情感联结。人们要学会尊重他人与自我尊重,树立正确的权利意识,承担应尽的责任,在享有自己合法权益的同时,兼顾社区其他居民的合法权益,这样既能加强对自身的管理和约束,又能提升服务他人的技能。

■(三)增强政治信任的举措

政治信任是个体针对国家政治机构当中的行为人以及制度所表现出的期望性判断,是一种相对稳定的理性判断。政治信任通常被定义为公民对政府或政治系统运作产生的与他们期待相一致的结果的信念或信心。

政治信任具有不同层次的内容。在第一个层次上,指公民对整个政治共同体即公民所属国家的态度。在第二个层次上,指公民对待诸如民主等政治制度的态度。它还可以指公民对待诸如议会和政府机关等国家机构的态度。在第三个层次上,指公民对政治行动者,即作为个体的政治家的判断与态度。

政治信任不仅有助于政治稳定和发展,也可以降低公共行政成本。改革开放以来,我国社会不断发展,社会制度日益完善,在意识形态与现实张力的作用下,政治信任很容易流失。政治信任的流失,在不同的历史条件、社会政治环境下,有不同的表现形式。

■ 二、协同发展的基础

■(一)传统文化的赓续

纯粹理性与情感理性是面对伦理问题时的两种不同思考方式。现代道德哲学依据纯粹理性,把带有生命特征的道德情感、道德良知排除在外,规避了因主观情感的不确定性而导致的道德标准的复杂性,能够建立和证明具有普遍性、绝对性的伦理原则。但没有情感和温情的伦理并不符合人的社会性的本质和人类本身的发展需要。与

视频:何为理性?
何为感性?哲学的
"三条线"

西方哲学情理两分、重理轻情不同,我国哲学推崇情理合一,不仅赋予情感重要的地位,而且寻求二者的统一,试图建立具有普遍有效性的德性之学。

儒家伦理具有情感理性("情理")的特征。它运用理智,对主观性、个体性的情感经进行加工,以概念化、逻辑化的方式确立了善恶标准与伦理原则。起初,儒家伦理就以"仁"为核心,以朴素的孝、悌为"仁"的起点,以"心安"为价值依据,以"泛爱众"为终极目标,确立了框架。其后,孟子以更基础、更普遍的同情心作为"共情"的基础,克服了血缘情感的不确定性,增强了仁爱的普遍有效性。到宋明时期,在本体论的思维模式下,儒家伦理形成了理学的"理-性-情"与心学的"心-性-情"两种不同的理论形态。"情理"表现了儒家伦理的精神气质,它提出的抽象的伦理原则,都是基于情感,对家、民族、国家、天下这些伦理实体的思考,表现为家国情怀、仁民爱物、民胞物与、万物一体等理念,追求的是人的情感的不断扩展与延伸。[①]

■(二)情感与理性的内在耦合

情感与理性是人类思维和行为的两个重要方面,它们是辩证统一、相互影响和相互作用的。情感是人类情感和情绪反应的内在体验,通常是基于个人的主观感受和情感反应。理性是人类思维和决策的基础,是基于逻辑、推理和分析的思维方式。理性思维通常是基于客观事实、科学原理和合乎逻辑的思考过程。它能够帮助人们作出冷静、理性的判断和决策。

情感会影响人们的理性思考和决策过程,情感强烈或情绪不稳定时,人们可能无法进行冷静思考与客观判断,决策可能偏离理性。理性思维能够帮助人们从客观事实出发,进行情绪管理和情感调节,使情感更加理性并切合实际。情感与理性并非对立的关系,而是互补的。情感能够为理性提供动力和激情,使得理性思维更富有激情和动力;而理性思维能够为情感提供指导和调节,使情感更有目标性与合理性。情感可以为理性决策提供信息和价值导向,而理性思维可以帮助人们对情感进行分析和评估,使情感更具有合理性与稳定性。在人类的思维与实践行为中,情感和理性的协调与平衡对于个人的健康发展和社会的和谐稳定都具有重要的意义。

■ 三、协同发展的机制

■(一)强化行政责任

行政责任是公共伦理学研究的常规主题,涵盖价值目标、情感体验、行为规范、法律制度、责任承担、后果问责等内容。目前,还没有一个精准的定义能概括行政责任的所有内容。

第一,行政责任是行政组织及行政人员依据特定的职位及角色身份要求自觉自愿履行分内职责的责任。行政责任的主体既可以是个体性的行政人员,也可以是群体性的行政组织。特定的行政组织及行政人员基于其组织地位和角色身份承载着特定的责任与

---

① 徐嘉:《儒家伦理的"情理"逻辑》,《哲学动态》,2021 年第 7 期,第 104-114 页。

要求。"在其位,谋其政"是行政组织及行政人员的伦理使命。这是从"尽责"层面探讨行政组织及行政人员的应然性责任,回答了行政组织及行政人员为什么要履行行政责任的问题。

第二,行政主体违反行政责任所应承担的否定性后果。行政组织及其行政人员的行政行为违反了组织责任要求及角色责任要求,就要依据行政主体的内省机制及行政责任制度规定承担道德、法律等责任,这是从"问责"的层面回答了行政组织及行政人员如何承担行政责任的问题。

拓展阅读:
我国行政问责中
价值理性缺失问题
及其破解之道

■(二)综合提升治理格局

行政的政治性功能在国家行政理性结构中占据协调中枢地位,它负责协调行政理性格局内部的矛盾冲突,调适行政体系内部与外部的关系,协调国家与社会以及行政体系内部的利益,维系治理秩序,从而确保行政目标的实现。这些功能直接关系着治理的成效、责任的实现程度和国家秩序的好坏,影响着行政的技术、价值与格局。我们要适应信息时代网络化的新样态,以网络化治理应对政治、社会和行政新的生态,建构数字化的整体政府和公共服务体系。

政治理性与公共理性是共生关系,想要处理好二者之间的关系,政府要吸纳和包容更多的社会意见和利益诉求,采取有效的治理措施,设计合理的制度,在提高国家治理能力的同时,担负促进国家、社会有序发展的责任。良好的政治性发展环境可以为公共理性的成长提供基础条件,增加社会福祉,促进公共理性整体提升,维护社会共同利益。而公共理性的提高也有利于政治秩序的实现和政治稳定的维系,能够确保政治合法性。

■(三)加强职业伦理素质教育

广义的素质,指的是基于人的先天生理条件,通过后天教育和社会环境的影响,在知识内化及其他实践活动的作用下,形成的相对稳定的心理品质。狭义的素质是后天社会化的产物,是社会对人的品质要求,反映了人与社会的关系。

教育是培养和提高人的素质的最有效的手段。素质提升的过程是教育发挥作用的过程,包含了知识内化与实践作用两个主要阶段,是知行合一的过程。[①] 对知识进行职业伦理精神内化离不开对行政人员的教育,行政人员职业伦理教育是职业伦理内化必不可少的过程。加强对行政人员的职业伦理教育对于提高行政人员的道德素养、提升行政人员的职业道德水平和服务能力十分必要。行政人员作为行政权力的执行者,是公共行政中最活跃和最积极的因素,他们的道德素质直接决定着和影响着整个国家和社会的道德状况。同时行政人员的道德水平也直接关系到法律和制度能否彻底贯彻和执行。行政人员的道德素质提高了,法律和制度在行政管理中的自由裁量权就能够得到合理使用。[②]

---

① 史亚丽:《公共理性视域下社会心态及其引导研究》,湖南大学,2017 年。
② 刘畅、赵继伦:《我国公务员职业伦理教育失效的原因及对策》,《湖北民族学院学报(哲学社会科学版)》,2015 年第 6 期,第 51-54 页。

■（四）积极践行共建共治共享制度

共建共治共享的社会治理制度体现了对社会主义核心价值观的坚守。现代治理虽具有很强的工具理性，但它并非价值无涉，如果舍弃价值的考量，社会治理将无章可循。实现良性社会秩序、促进社会和谐、协调利益关系，不仅需要制度和法治的规范与匡正，更需要核心价值观念的统合与引领，以保证社会治理运行的方向性与科学性。不同的治理价值观会直接影响社会治理理念确立、体制建构和路径选择。在共建共治共享的实践中，治理主体相互交流和碰撞，达成治理共识。

本章复习题

1. 简述理性与情感的关系。
2. 简述公共伦理中理性与情感冲突的原因。
3. 简述提升公共伦理素养的路径。

复习题参考答案

本章参考书目

1. 李建华、左高山：《行政伦理学》，北京大学出版社 2010 年版。
2. 张成福：《大变革——中国行政改革的目标与行为选择》，北京：改革出版社 1993 年版。
3. 高力：《公共伦理学》，高等教育出版社 2006 年版。
4. 蒙培元：《情感与理性》，中国人民大学出版社 2009 年版。

■ 第六章
公共伦理中的角色与冲突

——本章导言——

　　每个人在社会中都扮演着某种角色或某几种角色。一些行政主体在公共行政与公共服务中,存在一定的公共伦理失范现象。这些现象与行政主体的角色困惑、角色冲突有着密切联系。

■ 第一节　公共伦理中的角色与冲突界定

　　不同行政主体的权责不同,扮演的角色也不同。行政主体担任的角色不同,代表的利益也就不同。扮演不同角色的行政主体很容易出现利益冲突。而一个行政主体有时候会扮演多个角色,也会造成同一行政主体的角色混乱与角色冲突。

■ 一、公共伦理中的角色

　　"角色"原指演员扮演的剧中人物,也用来比喻戏曲演员专业的分工类别。美国社会学家乔治·米德首先将这个名词应用到了社会心理学中。他认为,社会也是一个大舞台,社会中的"人"就是他所扮演的各种角色的总和。社会角色就是指与人们的某种社会地位、身份一致的权利、义务、规范与行为模式的总和。社会角色既是人们对具有特定身份的个人的行为期望,又是社会群体或组织构建的基础。[①]

　　根据以上论述我们可以认为,角色具有以下内涵。第一,角色是社会身份和地位的外在表现形式。身份是指人们在社会或法律上的地位,社会地位是指人们在社会关系体系中所处的位置。第二,角色是个人权利与义务的规范。社会角色是权利与义务的集合体,任何一种社会角色都具有与之相对应的权利和义务。第三,角色是一种社会期待,是社会对处于特定地位的人们的行为的期待。这种社会期待是

视频:你是谁? 社会角色的扮演过程

人们根据特定社会角色的身份和地位在长期的角色实践中概括出来的。不同社会角色

---

　　① 郑杭生:《社会学概论新修》,中国人民大学出版社 2003 年版,第 107 页。

有着不同的社会期待。第四，角色主体是个体。个体是社会群体和组织的重要构成要素。[1] 社会群体或社会组织构成了人与人之间的特定社会关系，而这一社会关系网络是由不同的个体角色组成的。社会角色具有多样性。个体在不同的情境中扮演不同的角色，因此，个体的角色也具有多重性。由此导致的角色与角色之间以及角色内部的不协调就形成了角色冲突。

在现代社会中，人们从事的职业是角色划分与界定的重要依据。行政人员或公职人员要掌握和行使国家宪法或法律授予的公共权力，从事公共行政活动，他们的角色与责任具有严肃性，与其他职业者的角色和责任有很大的差别。同时，公职人员扮演着"政治人"角色，在维护法律和公平正义的同时，他们还扮演着丈夫、妻子、父母、子女、朋友等角色。而这些角色都对应着一系列的义务，夹杂着千丝万缕的私人利益需求。因此，公务员所扮演的各种角色及其背后的利益极有可能发生冲突与碰撞。[2]

学者们对公共伦理中的行政主体的角色进行了较为深入的探讨，其中最具代表性的观点是魏姆斯利等在 19 世纪 80 年代初提出来的，他将行政主体角色具体划分为执行与捍卫宪法的角色、人民受托者的角色、贤明少数的角色、平衡轮的角色以及分析者与教育者的角色。[3] 其中，执行与捍卫宪法的角色是指行政主体以护宪以及行宪为首要职责，致力于营造一个稳定且有效运作的政治体系，从而促进平等并持续改进和提升全民的生活质量。人民受托者的角色是指行政主体将自身视为追求公共利益的行政人；贤明少数的角色是指行政主体认为自身有责任引导民众参与公共事务；平衡轮的角色理论认为行政主体要肩负专业责任，也就是要以维护公共利益和法治为职责；分析者与教育者的角色理论认为行政主体应当有意识地了解自己决策的价值体系与假设，为自己的所作所为提供合理说明，增进民选领导、民意代表、治理过程中的参与者以及一般民众对公共事务的了解，并向他们传授关于维护公共利益的观念。

二、公共伦理中的冲突

伦理是一种特殊的社会意识形态，依靠社会舆论、传统习俗和人们内心确定的信念来维持，是善恶对立的心理意识、原则规范和行为活动的总和。公共伦理是指对国家和公共事务实施管理活动的主体在行使公共权力、从事公共管理活动的过程中应具备的伦理精神和应当遵守的伦理行为规则。公共伦理是一种评判行政行为正当性与合理性的价值观念、价值取向，是一种关于公私利益关系的观念体系，是一种关于权利义务关系的规范体系，是一种关于公共管理的价值体系，是一种公共管理权力的内在约束机制，是一种关于公共管理职业规范的范畴体系，具有价值性、规范性、公共性和系统性的特征。

在现代汉语中，"冲突"一词指彼此对立或不相容的性质或力量之间的相互干扰，是以对立、摩擦、争斗为特征的持久的不和、争执。在学术界，学者们的观点莫衷一是，有人

---

① 田秀云等：《角色伦理——构建和谐社会的伦理基础》，人民出版社 2014 年版，第 2 页。

② 史云贵：《中国现代国家构建进程中的社会治理研究—— 一种基于公共理性的研究路径》，上海人民出版社 2010 年版，第 319 页。

③ 高力：《公共伦理学》，高等教育出版社 2006 年版，第 158-159 页。

将双方或多方的公开敌视现象定义为冲突,也有学者认为有明显争夺地位、权力或资源目标的现象就是冲突。也有学者将冲突定义为一种情境,在这一情境中,冲突各方必须分享一定的资源,并且一方享有的资源越多,另一方将得到的越少。

虽然学者们已对公共伦理进行了较为深入的研究,但对公共伦理冲突问题关注得较少,也未形成共识。有学者对与公共伦理冲突相近的概念进行了界定,例如将公共伦理冲突界定为公共行为主体在进行选择时面临的尖锐矛盾状态,又如将公共伦理冲突定义为,在公共行政过程中,制约公共行政决策和执行的多种责任要求、利益驱使和价值指向之间的相互排斥的作用状态。学者们将冲突界定为一种状态,实际上体现了行政主体面对的公共伦理冲突的情境。但是,这种界定过于强调冲突本身,而忽略了主体在该情境中的能动性。

结合公共伦理中的角色和公共伦理中的冲突,本教材将公共伦理冲突界定为:公共行政主体在行使公共权力、履行公共职责的过程中,面对的多重责任要求、利益诉求和价值取向之间相互排斥的情况。

公共伦理冲突具有冲突发生主体的特殊性、冲突发生情境的特定性、冲突类型的复杂性以及冲突过程的隐蔽性等特征。其中,冲突发生主体的特殊性体现在他们是公共部门中行使公共权力、从事公共事务管理的人员;冲突发生情境的特定性,则指这些冲突发生在行政主体处理公共事务的过程中。

第二节　公共伦理角色冲突的类型与影响

公共伦理角色冲突可以细分为多种类型,这些类型既相互区别又相互联系,还存在着相互转化的可能,对国家治理产生着多重影响。

一、公共伦理角色冲突的类型

以角色本身为标准,公共伦理角色冲突的类型大致可以分为行政主体角色外冲突、行政主体角色间冲突以及行政主体角色内冲突。[①]

(一)行政主体角色外冲突

行政主体角色外冲突是指发生在两个或两个以上的行政主体所扮演的角色之间的冲突。行政主体角色外冲突发生在两个或两个以上的行政主体之间,是由多个行政主体间的互动产生的。例如,行政主体在进行决策时,上下级之间因其所处的岗位和职责不同,对同一事务的认知不同,对决策所应达到的效果要求也不同,就可能在政策制定上产生分歧。

(二)行政主体角色间冲突

行政主体角色间冲突是指行政主体个体所扮演的不同的社会角色之间的冲突。行

---

① 丁水木、张绪山:《社会角色论》,上海社会科学院出版社1992年版,第152-154页。

政主体经常扮演着多个角色,当行政主体无力在同一时间扮演两个或两个以上的角色,或者行政主体所扮演的不同角色的期望存在着矛盾时,行政主体就可能会为了履行其中某一种角色义务,而放弃履行或者只部分履行另一种角色的义务,这时,就产生了行政主体角色间冲突。这里的角色冲突虽然涉及多个不同的角色,但与行政主体角色外冲突是不同的。行政主体角色外冲突中的多个角色是由不同的行政主体扮演的,但是行政主体角色间冲突中的多个角色是由同一个行政主体扮演的。

■(三)行政主体角色内冲突

行政主体角色内冲突是指行政主体所扮演的同一个角色内部产生的冲突。这种冲突的产生是由角色本身的内在矛盾造成的。主要有以下两种情形。一种是对同一角色,存在来自不同方向且相互冲突的角色期望,导致行政主体在履行角色行为时感到无所适从。例如,在行政主体提供公共服务的过程中,人们既期望他能够为公民提供全面和优质的服务,又期望他能够降低相应的行政成本。另一种是理想角色、领悟角色与实际角色存在差距。理想角色是社会对角色的理想期望,领悟角色是个体对角色的认识与理解。理想角色、领悟角色以及实际角色三者之间的不一致会引起角色内部的冲突。例如,行政主体不能很好地理解上级的工作指示,他的领悟角色与上级期望的理想角色就会发生冲突。

公共伦理角色冲突的三种类型既相互区别又相互联系,且三种类型之间还存在着相互转化的可能。对公共伦理角色冲突类型进行分析,可以明确引发公共伦理角色冲突的焦点,继而进行针对性调适,减少角色冲突,提升国家治理水平。

从表现形式来看,公共伦理角色冲突主要分为公共利益与私人利益之间的冲突以及行政主体的职业伦理与道德素养之间的冲突两种。其中,公共利益与私人利益之间的冲突是公共伦理角色冲突最本质的体现。在公共事务管理中,行政主体代表人民行使公共权力,维护和促进公共利益是其基本要求。但是掌握公共权力能够为行政主体满足其私人利益创造机会,公共管理伦理意识淡薄的行政主体可能难以抵御这一诱惑,他们会将公共权力当成谋取私人利益的工具,并损害公共利益。需要强调的是,行政主体作为普通公民享有合法追求个人利益的权利,然而,行政主体在履行职业角色行为的过程当中对私人利益的满足应当建立在增进或不危及公共利益的前提下。

就行政主体的职业伦理与道德素养之间的冲突而言,行政主体所从事的职业是一项特殊的职业,该职业要求行政主体将公共利益作为决策参考最重要的因素。行政主体应当遵循提供公共福利、忠实执行法律、承担公共责任、为社会树立典范、追求卓越、促进民主的职业伦理。职业伦理与道德素养之间存在紧密的联系,职业伦理本身就具有从道德素养中提炼出的关于责任和态度的"精华"。良好的道德素养有助于行政主体遵守职业伦理。但是,在行政主体的职业伦理要求与道德素养之间存在差距,并缺乏有效的外部监督和控制的情况下,他们就有可能无视职业伦理的要求,不履行或者只履行部分职责,导致公共利益难以得到维护。

■ 二、公共伦理角色冲突的影响

公共伦理角色冲突对行政效能、政治信任、社会稳定和经济发展等都有一定的影响。

▓（一）影响行政效能

行政效能是指公共行政活动的功效和行政机关对社会公众的社会性需求的适应能力，是行政机关在实现公共行政目标的过程中的能力、管理效率、效果、效益的综合反映，是评价公共行政工作结果的标准。同时，行政效能还包括对行政活动的结果是否满足社会公众的社会性需求这一目标的社会价值判断，是评价行政活动的重要标准。行政主体在实施行政行为的过程中产生冲突，难以形成自身的逻辑自洽和行为自洽，就会影响其行政行为的正常进行，不仅会影响个人工作效率，还会影响公共行政效果，进而影响行政效能。

▓（二）导致合法性危机

马克斯·韦伯认为，人们只有具有在服从中获取利益的需求或者能够在服从中获取利益的情况下，才会承认政府对他们的统治。也就是说，政府的合法性来自公众的心理认同，如果政府得不到它管辖范围内的公民的心理认同，政府的权力就无法转化为合法的权威，也就无法顺利地进行统治或治理。在政府治理过程中，公共管理者被公民视为公共利益的代表，但公共管理者在利益冲突发生后，其制定的公共决策或政策执行如果缺乏公共性、科学性和公平性，则会销蚀公众对公共管理者的信任，以及对政府产生的心理认同，从而威胁政府的合法性。

▓（三）危及社会稳定

当前，我国正处于社会转型的关键时期，各种突出矛盾和问题也日益增多。如何保障和促进社会和谐稳定是我国当前面临的重要课题。而影响社会稳定的主要因素就是社会资源的公平配置。公共伦理的角色冲突的出现，会导致公共利益受损，也会影响社会资源的合理分配，公民的利益诉求就不能很好地得到满足，社会公平正义也难以实现，甚至会引发一系列社会问题，危及社会和谐稳定。另外，作为人民公仆，行政主体具有一定的公共影响力，他们的不恰当行为会对社会风气产生负面影响。公共伦理角色冲突可能会导致社会不良风气滋生蔓延，破坏和谐的社会氛围，使得社会发展中的投机行为增多，进而增加社会的不稳定性。

▓（四）影响经济发展

公共伦理角色冲突还可能导致腐败行为的发生，从而制约经济发展。腐败行为会破坏社会经济体系的良性运行，导致财富集中于少数既得利益者手中，使得公共资源配置失衡，贫富差距拉大。在经济转型时期，我国经济高速增长，容易产生腐败行为。将显性的经济增长与腐败的危害成本比较，我们能够发现，经济发展的代价很大，这实质上是行政主体的公共伦理角色冲突导致的腐败行为破坏了市场机制，阻碍了经济的可持续发展。

■ 第三节 公共伦理角色冲突的成因及破解

公职人员对自身角色的理解与扮演直接影响着国家和社会的治理质量。公共伦理角色冲突会对社会的治理质量产生消极影响,因此,我们需要剖析其产生的原因并通过法治、责任、监督、教育等途径进行破解。[①]

■ 一、公共伦理角色冲突归因分析

公共伦理角色冲突会造成一定的消极影响。一方面,公共伦理角色冲突会使其陷入公共伦理困境,而要摆脱这种困境需要消耗行政主体的时间和精力,在多重的角色要求中摇摆不定会消磨其工作的积极性。并且,行政主体在面对角色冲突时可能产生紧张、焦虑等情绪,这会对他们心理健康造成损害,甚至会导致一些心理承受能力较差的行政主体采取极端行为。[②]另一方面,如果不能对陷入公共伦理角色冲突的行政主体进行有效的约束、监督及职业伦理引导,可能导致他们放弃维护和增进公共利益而选择满足个体的私人利益。

公共伦理角色冲突是由多种原因造成的,包括公共管理者角色的多重属性、角色流动中的行为失调、外部环境的影响以及公共管理者的自身修养不够等。

■ (一)行政主体角色的多重属性

行政主体具有"经济人""社会人""公共人"等多种不同的角色属性,这些角色属性具有一定的相斥性,可能引发公共伦理角色冲突。其中,"经济人"的角色属性使得行政主体具有自利性。按照经济人假设理论,行政主体作为个体具有趋利避害和优先满足个人私利的天然倾向。这一倾向并不会随着行政主体的角色由生活角色转为职业角色而发生变化。"社会人"的角色属性使得行政主体具有社会性。这一角色属性是行政主体的基本属性,因为行政主体首先是作为社会的一员而存在的。行政主体职业角色是他们在社会生活中实现自我追求的过程中取得的。行政主体的"社会人"角色是社会预设的角色,如父母、子女、夫妻等角色。"公共人"的角色属性使得行政主体具有公共性。公共性是行政主体职业角色的特殊要求和基本要件,这一特性主要体现在行政主体提供公共产品和公共服务以及实现公共利益的职业要求上。

■ (二)角色流动中的行为失调

社会角色的变化就是角色流动。行政主体的社会身份和社会地位不是一成不变的,社会身份或社会地位的变化相应地会影响其社会角色的变化。在现实生活中,除了社会身份和社会地位,行政主体在社会生活中发生位移,如居住地点的迁移等,也会引起其社会角色的改变。

---

① 史云贵:《公共管理学新编》,四川大学出版社 2019 年版,第 431-438 页。
② 郭冬梅、张慧珍:《行政人员的角色冲突及其伦理调适》,《河北大学学报(哲学社会科学版)》,2009 年第 1 期,第 81-84 页。

行政主体在承担前一种角色时往往并没有为承担后一种角色做好准备。角色流动后,行政主体往往会依据原有的生活经验,用前一种角色的行为规范学习、工作与生活,或者在这种变迁中暂时甚至较长时间具有变动前后两个不同社会角色的行为特征,成为两个不同群体之间的"边际人"。不同的社会群体有着不同的角色规范和行为要求,在角色流动中出现的"边际人"在个体习惯上遵循着原来所属群体的行为规范,但又必须适应现在所属群体的行为规范。两种不同规范使"边际人"在心理上感到不适应,在行为上也会不知所从、手足无措,导致角色间或角色内的矛盾与冲突的产生。

(三)外部环境的影响

导致公共伦理角色冲突发生的外部环境主要包括两个方面,一方面是行政主体所处的社会环境和组织环境,另一方面是他人对行政主体角色的期许。行政主体处于一定的社会环境和组织环境中,行为必然受到社会文化和组织文化的影响。当社会文化或组织文化以维护公共利益为基本导向时,行政主体在角色冲突中更容易作出符合其职业伦理的抉择;当社会文化或组织文化具有自利倾向时,行政主体的实际角色与理想角色之间就会存在差距,行政主体在角色冲突中可能会更倾向于作出维护私人利益的抉择。在缺乏有效监督和约束的情况下,行政主体的行为难以得到控制,在客观上易导致公共伦理失范。另外,他人的期许也会引发行政主体角色冲突。例如,他人对行政主体角色抱有过高的期许而行政主体现有能力无法达到;或受过高期许的影响,行政主体的实际角色与理想角色相差较大。

(四)行政主体的自身修养不足

公共伦理角色冲突的发生与行政主体自身修养不足有密切关系,主要表现为角色扮演不到位和个人素质不够。其一,角色扮演不到位。一般来说,角色扮演要经历三个阶段:对角色的期望、对角色的领悟和对角色的实践。对角色的期望是指人们在承担一定的社会角色时,要了解社会或者他人对这一角色的期望,以更好地承担角色;对角色的领悟是指角色扮演者自己对角色的认识理解;对角色的实践是指角色扮演者在实际行动中的角色行为。[1]角色冲突与角色的扮演者有关,当角色扮演者对角色领悟有误、承担过多角色、扮演技巧运用失当时,角色冲突就会发生。[2]其二,个人素质不够。行政主体作为公共利益的维护者,职业角色决定了他们必须具有高于普通公民的个人素质,以便能够在公共利益和私人利益产生冲突时,主动采取措施,避免公共利益受损。但在公共行政实践中,由于部分行政主体法律意识和公仆意识淡薄等因素,以贪污、受贿、寻租等方式滥用公共权力谋取私人利益的现象时有发生,这反映了行政主体的理想角色和实际角色之间的冲突,也在一定程度上验证了当行政主体的角色冲突发生时,个人素质不足可能导致行政主体作出错误的行为。

---

① 高力:《公共伦理学》,高等教育出版社 2006 年版,第 154 页。

② 丁水木、张绪山:《社会角色论》,上海社会科学院出版社 1992 年版,第 158-159 页。

■ 二、破解公共伦理角色冲突的现实基础

公共伦理角色冲突是世界各国在国家治理过程中都会遇到的问题。解决该问题的目的在于塑造良好的行政文化,调节行政主体的私人利益和公共利益,维护公民的根本利益,提高公共治理效能。这与我国的国家性质、执政党优势和文化传统相契合,能够体现我国在破解公共伦理角色冲突方面的特殊优势。

■ (一)国家性质决定维护公共利益是公共伦理的底色

国家性质又称政权性质,它指的是一个国家的社会各阶级在国家中的地位,即这个国家通过民主和专政所表现出来的阶级本质。"中华人民共和国的一切权力属于人民"。在我国,人民是国家的主人,除了以宪法的形式确定公民的主人翁地位外,党和国家还通过一系列的路线、方针和政策,突出人民当家作主的重要地位。为此,公职人员要始终坚持党的领导、人民当家作主和依法治国的有机统一;要始终把实现好、维护好、发展好最广大人民的根本利益作为党和国家一切工作的出发点和落脚点,尊重人民主体地位,发挥人民首创精神,保障人民各项权益,走共同富裕道路,促进人的全面发展,做到发展为了人民、发展依靠人民、发展成果由人民共享。

■ (二)中国共产党的领导是我国公共伦理的特色

"全心全意为人民服务"是中国共产党的宗旨,"立党为公,执政为民"是中国共产党的执政理念。中国共产党的领导是中国特色社会主义最本质的特征。中国特色社会主义制度体系在政治运作层面确保了政党系统和政权系统并行不悖,相互渗透、相互支撑。这就为通过执政党系统引领政权系统解决公职人员利益冲突提供了可能。只要能够治理好政党系统,政权系统中的公共伦理冲突问题就可以得到有效解决。政党系统治理的第一要义就是要全面从严治党。各级党组织和全体党员,尤其是领导干部,都必须做到严格按照党章办事,按照党内政治生活准则和党的各项规定开展工作。如果不全面从严治党,就容易出现脱离群众的倾向,腐败的风气就会滋生蔓延。党的十八大以来,从中央到地方的一系列实干举措,如"中央八项规定"、"六项禁令"、反"四风"、坚持"老虎苍蝇一起打"的反腐决策、加强对"一把手"的监督等,都彰显了"党要管党,全面从严治党"的决心,赢得了广大人民群众的热烈拥护。《中国共产党廉洁自律准则》和《中国共产党纪律处分条例》的实施,明确了党组织和党员不可触碰的底线,这是对党章规定的具体化,对于贯彻全面从严治党要求,切实维护党章和其他党内法规的权威性、严肃性,保证党的路线、方针、政策、决议和国家法律法规的贯彻执行,深入推进党风廉政建设和反腐败斗争具有十分重要的意义。加强执政党建设,全面从严治党,提高了作为行政主体的党员公务员的思想素质与政治觉悟,强化了党员公务员严格自律的行为,为有效解决公共伦理角色冲突创造了良好的条件。

■ (三)传统文化赋予我国公共伦理的基色

一方面,中国具有五千多年的文明史,民本思想源远流长。民本思想是我国传统社

会中强调和重视百姓对于安定社会、稳定统治重要作用的理论。民本思想起源于西周,经过儒家学派创始人孔子的发展,到了孟子时期,民本思想已成为成熟的理论,并成为儒家政治哲学的重要组成部分,对后世产生了重要的影响。西周"敬天保民"与"明德保民"的思想从理论上论证了民众在政治生活中的作用,为西周民本思想的萌芽奠定了思想基础。春秋战国时期,在君民关系中,"民"是第一位的,并且民心的向背决定着战争的胜负和君权的立废。孔子对民本思想进行了理论升华,提出了"仁"的相关学说,并将"仁"作为基本思想原则贯穿其理论。孔子的"仁"和"为政以德"的思想核心就是爱民。而孟子则在孔子"德政"的基础上,提出了系统而完备的"仁政"理论。孟子"民为贵,社稷次之,君为轻"和荀子"君舟民水"等观点构成了春秋战国时期的"民本思想"。这些民本思想早已融入我国的治理文化中,成为行政主体应具备和遵守的理想信念、价值观念、道德标准和行为模式。

另一方面,我国自古以来就高度重视个人修养与国家治理的关系,始终把"修身"与"治国""平天下"紧密联系在一起。"先天下之忧而忧,后天下之乐而乐""位卑未敢忘忧国""苟利国家生死以,岂因祸福避趋之""富贵不能淫,贫贱不能移,威武不能屈""鞠躬尽瘁,死而后已",均体现了对个人道德修养的高层次追求。中国共产党高度重视社会主义核心价值体系建设,提出了"富强、民主、文明、和谐,自由、平等、公正、法治,爱国、敬业、诚信、友善"的社会主义核心价值观,明确了进一步提升我国公民道德修养的要求。无论是我国历史悠久的民本思想,还是对个人道德素质的重视,都对当下行政主体如何正确处理私人利益和公共利益之间的关系提供了基本规范,对破解我国公共伦理角色冲突困境具有极大的内生性推动作用。

三、破解公共伦理角色冲突的路径

就行政主体而言,公共伦理角色冲突的产生有主客观两方面的原因。要破解公共伦理角色冲突需要从内外两方面着手,通过外部约束措施的实施以及行政主体自身素质的提高,帮助行政主体在公共伦理冲突情境中作出正确的行为选择。通过借鉴国外经验,我国公共伦理冲突破解的途径大致可以分为法律途径、责任途径、监督途径和教育途径。

(一)加强法治建设

长期以来,为建设社会主义法治国家,中国共产党团结带领人民群众不懈探索。党的十五大提出"依法治国,建设社会主义法治国家"的基本方略和目标,党的十六大、十七大、十八大、十九大、二十大都对推进依法治国作出重要部署。习近平总书记关于全面依法治国的重要论述,继承和发展了中国共产党关于依法治国的基本思路,明确提出全面推进科学立法、严格执法、公正司法、全民守法,将法治建设提升到党和国家事业全局的高度。公共伦理角色冲突是在国家治理中存在的一种普遍现象,如果不能得到及时有效解决,会极大地危害公共利益,降低国家治理质量,引发公民对国家的信任危机,因而需要将其纳入法治的范畴。

以公共伦理法治化预防公共伦理角色冲突已成为国际社会的通行做法。如美国的《政府伦理法》、英国文官制度的行为准则、加拿大的《公共服务价值与伦理规范》、日本的

《国家公务员伦理法》、韩国的《公职人员道德法》等。改革开放以来,我国公共伦理法治化工作取得了较大进展,颁布了一系列包含伦理法条的法律、法规和条例,如《国家公务员暂行条例》《中华人民共和国公务员法》《公开选拔党政领导干部工作暂行规定》《中国共产党纪律处分条例》等。

我国公共伦理法治化主要是通过法条式的方法实现的,即公共伦理是以法条的形式存在于其他的法律规范中的。由于条款分散在不同的法律中,不同条款之间整合性较差,一些法律规范的法律位阶不高,在特定情况下会出现彼此冲突或适用选择困难的情况,在制度层面上会出现原则与规定断层的现象。同时,我国公共伦理法条所确立的公共伦理标准不够清楚、不够细化,缺乏可操作性和问责机制,也缺少适当而具体的处理不当行为的程序与罚则,这些都影响了公共伦理法治化的作用和效果。公共伦理角色冲突类型多样,并随着社会发展继续增多,而现有的法律规范难以将其全部囊括,具有滞后性。

因此,在法治化的过程中,我们应当借鉴其他国家的先进方法,建构一部以预防为主、伦理标准清楚、权利与义务明确、符合我国文化传统和国情的公共伦理的专门法典;对公共伦理进行统合性规范,克服法条式缺陷;创新公共伦理法典的执行保障机制,通过出台细则明确行政主体行为规范,设定行政主体行为标准;以独立的机构与专业的力量保证公共伦理法典的有效实施;明确举报、调查、判断、执行、申诉等程序性规定,设置激励性措施,规范举报者和被诉人的保护机制等。

(二)强化责任意识

公共伦理角色冲突是行政主体责任与价值追求相互冲突的结果。一个被授予权力的人,往往会面临滥用权力的诱惑,面临逾越正义与道德界限的诱惑。[①] 行政主体有可能利用公共权力谋取私人利益,从而引发公共伦理角色冲突。从法治角度来讲,权力与责任是相伴相生的,公共权力的授予必然伴随着公共责任的承担。行政主体在面对角色冲突和各种权力资源之间的矛盾关系时可能陷入选择困境,如何在冲突的困境中进行最佳的行为选择是公共伦理研究亟待解决的问题。

从公共责任的切入点破解公共伦理角色冲突,首先,需要行政主体树立以公共责任为核心的职业价值观。行政主体必须深刻理解公共责任的内涵,成为“负责任的管理者”。当他们接受公共部门的雇佣就意味着必须积极地遵循社会认同的公共原则,即职业价值观。这种职业价值观包括从事该项职业所应具备的公共意识、关怀意识、责任意识、奉献意识等。其次,行政主体要树立“责任本位”和“公民本位”的理念。行政主体所具有的公共权力是源自公民的,拥有公共权力就要承担维护和促进公共利益的责任。传统政治中官贵民贱的观念已不适用于现代公共治理,行政主体的治理理念需要实现从“权力本位”向“责任本位”、从“政府本位”向“公民本位”转变。最后,需要建立明晰的公共责任体系。行政主体只有对自身具体的公共责任有明确的认识,才能通过对照公共责任要求在面对公共伦理角色冲突时作出正确抉择。

---

① 埃德加·博登海默:《法理学——法哲学及其方法》,邓正来等译,华夏出版社 1987 年版,第 347 页。

■（三）增强监督力度

行政主体在公共伦理角色冲突中的困境既有主观方面的原因,同时也受客观环境的影响,这一客观环境就是被约束和监督。行政主体作为公共权力的行使者,其行为理应受到监督,以确保公共权力不被滥用和公共利益得以实现。对行政主体的监督包括内部监督和外部监督两种形式。内部监督包括一般监督、业务监督和专职监督,外部监督主要包括立法监督、司法监督、政党监督、社会监督、媒体舆论监督。①

虽然监督行政主体的行为是一项法定权利,但从我国实际情况来看,监督效果并不理想,主要原因包括以下几个方面。第一,注重事后监督。行政主体因公共伦理角色冲突而对公共利益造成损害,这一行为结果在出现之前,难以被察觉。所以,对行政主体的监督更多地体现为事后监督。第二,未能充分发挥监督主体的作用。行政主体的监督主体具有多元化特征,但能够对行政主体进行直接监督和有效监督的主体多为行政主体的上级领导或上级部门。由于信息不对称、职权限制、监督渠道不畅通等原因,其他监督主体或部门对行政主体的监督作用有限。第三,监督主体的监督意识不强。公民和社会组织应是行政主体行为的重要监督主体。但由于传统行政文化的影响,加之社会组织发展还不够成熟,公民和社会组织缺乏对行政主体的监督意识。

在此背景下,我们要从以下三个角度出发,发挥好监督对行政主体行为的约束作用。首先,需要加强对行政主体选拔任用的监督。通过对推荐、提名、考察、考核、讨论、决定等各个环节的严格监督,确保能够选拔具有良好公共伦理素养的优秀人才进入公共管理部门。其次,鼓励和支持多元监督主体发挥其监督效能:一方面要为多元监督主体提供合法、合理的渠道,提高涉及群众切身利益的政策和工作的透明度;另一方面要强化多元监督主体的监督意识,不断提高监督能力,采取多种措施鼓励多元主体积极参与监督。最后,提升公共行政的透明度。进一步开放公共信息,将公共管理各环节的信息置于阳光之下,为监督主体开展监督创造有利条件。

■（四）提升教育效能

法律途径、责任途径和监督途径侧重于将行政主体视为客体,通过约束和监督来保障其在处理公共伦理冲突的过程中维护公共利益,具有一定的强制性和权威性。而教育途径则侧重于通过教育提高行政主体的公共伦理素养,帮助受教育者提高伦理水平、陶冶伦理情操、锻炼伦理意志、坚定伦理信念,最后形成好的伦理习惯,帮助行政主体在利益冲突发生时进行正确的价值判断及行为选择,更具有柔性色彩。

公共行政部门开展公共伦理教育常用的方法有四种。一是榜样引导法。榜样的力量是无穷的,榜样身上具有最直观和最令人信服的感召力。可以选择历史和现实中一些典型形象以供人们效仿并举行相应的活动,如举办英模事迹报告会、展览会等。二是舆论宣传法。社会舆论是社会公众对某一事件或问题的普遍看法。舆论宣传法指通过各种宣传媒介传递带有某种倾向的信息,形成社会舆论,从思想和心理上影响个体,促使行政主体人员接受公共伦理原则和规范的约束。三是集体影响法。每个公共管理工作者

---

① 帅学明:《现代公共管理学》,华南理工大学出版社 2005 年版,第 210 页。

都身处一定的集体中,必然会受到该集体的影响和制约。集体环境是相互教育的大课堂,对个人伦理观念的形成具有不可忽视的作用,在这一课堂里,公共管理人员可以潜移默化、不由自主地接受教育。①四是实践法。通过举办专题讲座、参观访问、评比等方式来提高行政主体的伦理认识,帮助其确立正确的公共伦理信念。此外,行政主体还可以通过加强自身道德修养来提升公共伦理素养。道德与伦理紧密相连,行政主体通过提高自身道德修养,锻炼自觉抑制不正之风的道德意志,坚定全心全意为人民服务的道德信念,在公共伦理角色冲突中自觉以维护公共利益为行动指南。

本章复习题

1. 简述公共伦理中角色冲突的概念。
2. 分析公共伦理角色冲突产生的原因。
3. 分析破解公共伦理角色冲突的路径。

复习题参考答案

本章参考书目

1. 王振华:《公共伦理学》,社会科学文献出版社 2010 年版。
2. 丁水木、张绪山:《社会角色论》,上海社会科学院出版社 1992 年版。
3. 田秀云:《角色伦理——构建和谐社会的伦理基础》,人民出版社 2014 年版。

---

① 李金龙、唐皇凤:《公共管理学基础》,上海人民出版社 2008 年版,第 469 页。

第七章
公共伦理中的品德与才干

——本章导言——

德才兼备是选人用人的重要标尺。"有德无才,才不足以助其成;有才无德,德必助其奸"。就品德与才能的关系而言,品德是根本,才能是枝叶。清晰认识德与才的关系,是行政主体在公共伦理实践中选用或争做德才兼备型干部的逻辑前提。

第一节 公共伦理中的"德"

品德是公共伦理的核心概念。公共伦理中的"德"体现了规范的软约束特性,对职业行为具有控制力,是"德"的约束力从个体性到集体化的延伸。基于此,对公共伦理中品德的理解和判断关乎着对公共伦理学的认知和探究。

一、公共伦理品德的论争

对于公共伦理品德,学术界已进行了广泛而深入的讨论。主要存在以下共识和论争,这些共识和论争为后续研究提供了基础。

其一,公共伦理中品德的重要性。有学者认为,"德"对于行政工作的效能具有重要影响。当行政人员具有高尚的品德,遵循行为规范和职业道德准则时,他们可以更好地履行职责并提供更好的公共服务。同时,行政人员的行为很容易受到公众的评价。行政人员的不道德行为会对机构的稳定性、公信力、社会形象和工作效率产生负面影响。

案例:领导干部的
职业道德

其二,公共伦理品德的规定。有学者认为,良好的道德品质是行政人员应具备的基本素质。例如,诚实、正直、公正、谦逊、勤勉等。这些道德品质的加持,有助于政府与公众建立诚信和信任关系,提高行政决策和执行的公正性与公信力。在此基础上,有学者进一步提出,行政人员要具备职业操守,意识到职业道德的重要性。综上所述,行政人员应遵守职业伦理准则和行为规范,始终坚守公正原则,遵循规章制度,不断提高专业素养。

其三，公共伦理品德的实践。有学者发现，行政人员在职业生涯中常常会面临许多复杂的道德问题，如权力滥用、利益冲突和公共利益的权衡等。为解决这些问题，学者们基于伦理学、道德哲学和行为科学，提出了一系列的道德决策模型和道德决策原则，为行政人员在实践中作出正确的决策提供了理论支撑。

在上述研究的基础上，学者们认为，公共伦理品德的研究还有以下拓展空间。

公共伦理品德不能仅限于个人品德，应该是多维度的。行政人员的道德建设应与公共行政的目标和需求相结合，追求综合性的职业素养和能力的提高。这些综合性的职业素养和能力主要反映在"德"方面，除了道德品质和职业操守，还涵盖社会责任、公共服务精神等方面。

对公共伦理品德的理解不应局限于单一的学科范畴，应该跨越学科界限并将其融入多元文化背景之中。不同社会和文化对于道德准则和行为规范有着不同的理解和要求。只有从跨文化的角度研究公共伦理中"德"的问题，才能对不同文化背景下的案例进行分析和比较，加深对不同文化语境下的公共伦理品德的理解。

公共伦理品德的重要性不言而喻，但不能被过分强调。道德准则在不同的国家、地区和文化背景下存在差异，这种差异使得道德规范在行政工作中缺乏普遍适用性。道德原则通常是广义的、抽象的和灵活的，制定和实施具体操作规则时，往往会受到法律的约束，需要遵循更严谨的规则。

我们不仅要关注作为个体的行政工作人员的品德，还要关注作为整体的行政组织的政德。同时，我们应看到，"德"与法律、制度、程序等因素之间有着紧密的内在联系，难以对其进行分离论证。伦理规范与制度规定、法律约束共同发挥协调、互补和强化作用，将为公共伦理的多样性和多维度价值提供持久的动力和发展空间。因此，我们必须重视对公共伦理品德的评估与监督。建立有效的评估和监督机制，有利于督促行政机关和行政人员自觉恪守职业道德和行为规范，提高公信力和社会形象，努力实现善治和良治。

■ 二、公共伦理品德的内涵

■（一）公共伦理品德与相关概念辨析

□ 1. 公共伦理品德与行政原则

行政原则是指行政人员应当遵循的基本原则，如公正、公平、合法、效率等。公共伦理品德是行政原则的内在要求和实现途径，行政人员只有具备良好的道德品质和行为特征，才能真正遵循和践行行政原则。

□ 2. 公共伦理品德与行政能力

行政能力是指行政人员在履行职责和行使权力时所具备的能力和素养。公共伦理品德是行政能力的重要组成部分，行政人员只有具备良好的道德品质和行为准则，才能更好地运用专业知识和技能，有效地履行职责和行使权力。

□ 3. 公共伦理品德与行政效能

行政效能是指政机关在实现目标和任务方面的能力和效果。公共伦理品德对行政效能具有重要影响,行政人员只有具备良好的道德品质和行为特征,才能避免腐败和不端行为,提高行政效能和公共服务水平。

■(二)公共伦理品德的广义理解

公共伦理中的"德"指组织成员个体所具有的"德"与作为整体的行政机关所具备的"德"相融合的行政道德。前者指公务员个人在履行职责和行使权力时应具备的道德品质和行为准则。如,诚信、正直、廉洁、奉公、敬业、团结合作、文明礼貌等方面的品德。后者指行政机关作为一个整体,应具备的道德品质和行为准则。如,公正公平、廉洁高效、服务公众、对人民负责等方面的要求。

海南查处黄鸿发
特大黑社会性质
组织保护伞
对 109 人立案
审查调查

个体的"德"和组织的"德"相互关联、相互影响。个体的"德"是组织的"德"的基础,而组织的"德"则为个体提供了行为准则和道德引导。只有个体具备良好的品德,才能为组织的"德"作出贡献;而组织的"德"则为个体提供了道德的支持与规导。个体和组织之间的相互作用可以形成良性循环,推动行政机关的健康发展和公务员道德修养的提升。公共伦理品德,既强调个体的"德",也注重组织的"德"。个体应当自觉践行公共伦理的品德要求,同时组织也应创造良好的环境和运行机制,促进个体道德修养的提高。只有个体和组织共同努力、共同推进伦理建设,才能实现行政机关的良好运行和公共服务的有效供给。

■(三)公共伦理品德的狭义阐释

行政人员的个人品德是保障公共利益、维护社会公正的重要力量。从应用维度来看,本书将公共伦理品德界定为行政人员应具备的道德品质和行为准则。具体而言包括以下几个方面。

□1. 诚信正直

诚信正直是行政行为的基本要求,是行政人员赢得公众信任的关键。行政人员应以诚实、正直、守信为原则,坚持不欺瞒、不撒谎、不造假、不徇私。行政人员应当诚实地向上级报告工作情况,对公众讲真话、讲实话。

□2. 公正公平

公正公平是行政行为的基本原则,也是行政人员职业道德的基本要求。行政人员应持公正的态度对待每个公民,不偏袒、不歧视,依法行事。行政人员应当遵守法律法规,坚守公共精神,维护公共利益。

□3. 廉洁奉公

廉洁奉公是行政人员职业道德的底线。行政人员在行使职权和处理事务时,应以公共利益为重,不接受贿赂和利益输送,不利用职权谋取个人私利,恪守廉洁奉公的底线。

案例:不当执法
司法行为典型案例

□4. 敬业奉献

行政人员应具备强烈的责任心与无私的奉献精神,忠诚履职,兢

就业业,为人民群众努力工作。敬业奉献精神要求行政人员在工作中展现专业能力和职业精神,不仅要完成自己的本职工作,还要积极参与和支持组织的高质量发展。

□ 5. 团结合作

行政人员应具备良好的团队合作精神,摒弃个人主义,以集体利益为重,积极与同事协作,共同努力实现组织的目标。要不断提高工作效率,共同维护团结,营造和谐的工作氛围。

□ 6. 保守秘密

行政人员应严格保守涉密信息和个人隐私。不泄露机密和他人的私人信息是行政人员职业伦理的基本要求。行政人员应明确保密责任、严守机密,确保国家利益和公民权益的安全。保守秘密不仅是公务员的职责,也是对公众和组织的尊重与信任。

□ 7. 文明礼貌

行政人员应以文明、礼貌的态度对待公众。除了服务,不能有任何凌驾于他人之上的特权。应注重语言和行为的礼貌和修养。文明礼貌是公共伦理的基本要求。行政人员应树立良好的外在形象,以身作则,为公众树立文明礼貌的榜样。

□ 8. 服务大众

服务是行政人员的第一要务。行政人员应牢记为人民服务的宗旨,增强服务意识,时刻把人民利益放在首位,积极回应公众诉求,为老百姓提供更多更好的优质的服务。

综上所述,行政人员的"德"是公共伦理的核心,也是行政管理能否取得良好效果的重要保障。只有行政人员在日常工作中始终坚守高尚的道德品质,保持强烈的行政道德感,才能推动公共行政行稳致远。

■ 三、公共伦理品德的重要意义

公共伦理品德的多维要义决定了它在维护社会公平正义、增强政府公信力、提供优质公共服务、提升治理效能、建立和谐的组织文化等方面,具有重要意义。

■(一)有助于维护社会公平正义

公共伦理品德的践行有助于维护社会公平正义,保障个体权益和公共利益的平衡。行政人员应按照公平公正的原则对待每一个公民,不偏袒、不歧视任何利益相关者,确保资源的合理分配和社会的公平正义。行政机关践行公共伦理品德,不仅可以有效约束行政权力的滥用,还能平衡不同群体的利益,维护社会和谐稳定。

■(二)有助于增强政府公信力

行政机关只有遵循道德准则和行为规范,树立良好的形象和声誉,才能赢得公众的信任与支持。行政人员只有具备良好的道德品质和行为特征,才能取得公众的信任,增强政府与公众之间的互信关系,促进政府的良性治理和有效运行。

(三)有助于提供优质公共服务

行政人员以公共利益为导向,按照公平、公正、合法的原则开展工作,才能确保行政行为符合法律法规,进而促进公共行政目标的实现。行政人员具备良好的道德品质和行为举止,才能提供优质的公共服务,不断满足公众的需求,促进社会的进步与和谐。

(四)有助于提升治理效能

行政人员具备良好的道德品质和职业精神,才能够更加专注、负责地履行公共职责、提高工作效率和服务质量。公共伦理品德的有效践行有助于减少腐败现象和失范行为,促进行政机关内部的团结与协作,不断提升行政效能和公共服务水平。

(五)有助于预防腐败和不端行为

行政人员具备良好的道德品质和行为准则,提高廉洁自律意识,才能够抵制诱惑。行政机关建立健全纪律制度和监督机制,加强对行政人员的道德教育,能够预防腐败和失范行为的发生,维护行政机关的廉洁高效和公信力。

(六)有助于建立和谐的组织文化

行政机关要注重培养行政人员的道德品质和道德情操,使其形成良好的组织价值观,促进行政主体间的交流与合作。公共组织文化的完善,有助于增强公职人员的凝聚力和向心力,提高公共行政的积极性与创造性,打造创新型、服务型的行政机关。

综上所述,行政机关和公务员只有树立"德"的意识,将公共伦理品德贯穿于全部公共行政活动中,才能更好地提高行政效率,更好地满足公众合理的社会需求,更好地促进社会的进步与公平。

四、公共伦理品德践行过程中存在的问题

现实中,行政机关和行政人员在行使职权和履行职责时,往往会出现行政效率低下等情况。如,一些行政人员可能会从个人利益出发,工作惰性,不积极主动履行职责,导致工作进展缓慢,效率低下;一些行政人员可能滥用职权、任性妄为,导致行政决策不科学、不合理,浪费公共资源,行政服务效能低下;一些行政人员可能存在服务意识不强、工作态度不端正的情况;一些行政人员存在滥用权力、徇私舞弊等问题,从而破坏公共利益,造成公共信任危机。以上种种皆是践行公共伦理品德面临的种种挑战。

(一)利益冲突与道德困境

行政人员常常会面临来自不同利益相关方的诉求。尤其是在政策制定和资源分配等决策过程中,不同的利益相关方的利益冲突可能会使行政人员陷入道德困境,即难以平衡不同利益相关方之间的关系,并容易受到私利的诱惑和强势利益集团的左右,从而导致一些行政主体作出无原则的道德妥协。

■（二）权力滥用与腐败风险

行政人员在行使职权时拥有一定的权力，并受到主观因素的影响。然而，权力滥用是一种常见的道德困境，行政人员可能会为个人或特定群体谋取私利，违背法治和公平公正等原则。这种权力滥用的行为容易导致腐败现象的滋生蔓延，进而损坏公共利益，破坏公平和谐的社会环境。

■（三）绩效导向和压力叠加

行政组织普遍注重绩效评估和考核，以数量指标和考核结果作为行政人员评价的重要标准。然而，这种绩效导向和考核压力可能导致行政人员为了实现绩效目标而牺牲道德准则和行为规范。行政人员可能会出于个人利益或单位利益而不择手段，甚至违背行政道德和原则。这种情况在基层尤甚。上边千条线，下边一根针，任务落实的压力在基层叠加，加剧了基层行政人员的道德实践困难。

■（四）监督不力和问责不严

行政组织在监督和问责方面存在不足，监督机制和问责机制不够健全，出现监督不力和问责不严的情况。这使得行政人员的违法违纪行为难以被及时发现和处理。行政人员违反公共伦理的行为如果不受到严厉的制裁和问责，就会形成一种过于宽松的道德环境。缺乏严格的问责，也会导致行政人员出现不担当、不作为、明哲保身的心态，使得行政人员对道德风险的认识和警惕性不高。

■ 五、公共伦理品德养成的路径

在行政实践中，培育和践行公共伦理品德是行政人员尽职履责的前提，也是政府提升治理效能的必然要求。具体而言，需要从以下几个方面考虑和实施。

■（一）加强道德教育和规训

道德教育和培训是培养行政人员公共伦理品德的重要途径。行政机关应加强对行政人员的道德教育和职业伦理培训，通过开展职业伦理培训课程、专题讲座和研讨会等，引导行政人员遵循公共伦理的原则和准则，树立正确的价值观和公共伦理观念。

第一，突出公共伦理价值观的培养。行政人员应了解并内化公共伦理的基本原则，如公正、诚信、廉洁、公共利益优先等。行政人员要树立正确的价值观，明确践行公共伦理的重要性与必要性。

第二，坚持正确的道德决策和行为导向。行政人员应学习道德决策的方法和技巧，培养正确的道德决策能力。同时，探讨和明确行政人员在特定情境下应遵循的行为规范和道德准则，在实践中遵循正确的公共伦理导向。

第三，强化道德情感和责任意识。行政人员应具备对公共利益、公共精神的强烈情感与责任意识，意识到自己的行为对社会和公众的影响。政府部门可以通过案例分析、讨论等方式,强化行政人员的道德情感和责任感,激发行政人员践行公共伦理的内在动力。

（二）完善道德准则和职业规范

行政机关应制定相关的行为指南和公共伦理准则,明确行政人员应遵循的道德准则和行为规范。

□ 1.引导践行公共伦理核心价值观

行政机关的道德准则和规范应体现行政机关的核心价值观,如忠诚、担当、公正、廉洁、服务、责任等。这些价值观应当贯穿于行政工作的方方面面,成为行政人员展开行政工作的指导原则。

□ 2.明确具体的行为规范或要求

行政机关的道德准则和行为规范应明确行政人员在不同职能和岗位上应遵循的具体行为要求,从公共伦理的角度出发,明确规定只能做什么,不能做什么。例如,禁止滥用职权、接受贿赂、徇私舞弊等行为,强调行政人员在履行职责和决策过程中要遵循公平、公正、公开的原则。

□ 3.重视道德风险防范

行政机关的道德准则和规范应强调道德风险的防范和化解方法。明确行政人员在面临利益冲突和道德困境时的应对策略,引导公职人员遵循道德准则并妥善处理道德冲突,有效预防道德风险的发生与扩大。

（三）加强监督和问责

监督和问责是确保行政人员践行公共伦理品德的重要手段。公共行政机关应建立健全监督机制和问责制度,及时发现和处理违反公共伦理的行为,对违规行为进行严肃查处和惩处,形成有效的震慑机制。

□ 1.建立有效的监督机制

行政机关应建立健全政府内部监督机制,包括监察、审计、内部控制等方面。监督机构应具备独立性、专业性和权威性,能够对行政人员的行为进行监督和审查。同时,完善社会舆论监督机制。以媒体报道、舆论引导等方式,吸引公众对公共伦理问题的关注,推动行政机关依法行政、廉洁奉公。

□ 2.加强对行政人员的监督和评估

行政机关应加强对行政人员的日常监督和评估,包括工作绩效、行为表现等方面。通过定期的绩效考核和评估,发现行政人员的不当行为和违规情况,及时采取纠正措施。

□ 3.加强对举报和投诉的处理

行政机关应建立畅通的举报和投诉渠道,保护举报人的合法权益,对举报和投诉进行及时、公正的调查处理。对于查实的公共伦理违规行为,要依法追究责任,严格问责。

(四)完善激励机制

激励机制是提升行政人员公共伦理品德的重要手段。行政机关应建立激励机制,通过激励和奖励来推动行政人员践行公共伦理品德要求。

1. 奖励优秀和鼓励先进

公共行政机关应建立表彰制度和奖励机制,对践行公共伦理品德要求、表现优秀的行政人员进行公开表彰和奖励。这些奖励可以是名誉奖励、晋升机会、职务提升等形式,也可以是实物性奖励,以鼓励行政人员积极践行公共伦理品德要求。

2. 畅通职业生涯发展通道

行政机关应建立公正、透明的行政人员职业生涯发展通道,通过评价和晋升机制,给予践行公共伦理品德的优秀行政人员更多的晋升机会和发展空间。这样可以激发行政人员的积极性和工作动力,进一步提升公共伦理品德的践行力度。

(五)加强组织文化建设

组织文化对公共伦理品德要求的践行有着重要的影响。行政机关应注重组织文化建设,营造良好的道德氛围,树立正确的公共伦理价值导向。

1. 倡导公开透明和公平正义

行政机关应倡导公开透明和公平正义的原则,建立公正、透明的决策和执行机制。通过公开信息、公开决策过程,让行政人员和公众了解和监督行政机关的工作,增加公共伦理行为的可见性与可评估性。

2. 建立健全团队合作的互信文化

行政机关应倡导团队合作和互信文化,营造良好的工作条件与合作氛围。鼓励行政人员之间相互支持和积极合作,尽可能减少内部竞争和利益冲突的现象。

3. 培育诚实守信的价值观

行政机关应倡导诚实守信的价值观,将其纳入公共伦理的核心价值体系中。通过宣传教育和榜样示范,培养行政人员具备诚实守信的品质和行为习惯,不断增强公共伦理品德的内化与外化。

第二节　公共伦理中的"才"

公共伦理才干不仅是行政人员应具备的基本素质,也是公共伦理学研究的核心内容之一。公共伦理才干的研究对于提升行政人员的职业道德水平,促进行政机关的廉洁高效运行,推动公共伦理学的发展和实践等具有重要意义。

一、公共伦理才干的论争

（一）公共伦理才干的争议点

当前,学术界对于公共伦理中的"才"的理解存有一定争议,主要围绕以下几个方面展开。

1.关于公共伦理才干的定义和范围

有学者认为,公共伦理才干应体现在道德判断和道德行为能力上;也有学者认为,其内涵包括领导能力、沟通能力和决策能力等方面。这种争议主要源于对公共伦理才干的不同理解。

2.关于公共伦理才干的评价标准

有学者主张建立全面、科学的评价标准,以透明、公正原则为基础,切实提高行政人员的职业素质;另外,也有学者指出,公共伦理才干评价存在过度的风险。由于公共伦理才干评价涉及主观的道德判断和行为,很难使用客观的标准进行评估,是一个具有挑战性的任务。

3.关于公共伦理才干的培养

一些学者主张通过教育和培训来提高行政人员的道德观念和道德能力,也有学者强调组织文化和制度环境的重要性。

4.关于公共伦理才干与绩效、社会关系之间的关系

一些研究表明,公共伦理才干与组织绩效、个人能力之间存在一定的正向关联,但也有研究结果持相反的观点。有学者认为,公共伦理才干要求需要不断拓展和更新,以适应社会发展及满足公众需求;也有学者认为,公共伦理才干要求应以公益为主导,不能为了满足市场需求而牺牲公共伦理品德。

（二）行政伦理才干争议的解决方法

以上论争存在的原因是:对公共伦理才干的多维度理解和跨文化解释;公共伦理才干在个体层面和组织层面的不同呈现;组织文化和制度环境对公共伦理才干的深层次沁润;影响机制和中间变量的复杂性与调节性。

为此,本书提出拟从以下方面理解,以期形成突破性认识,获得更多的共识。

(1)整合学者们的主要观点,结合实际案例和实证研究,充分考虑不同领域、不同层级和不同文化背景对公共伦理才干要求的差异,形成更为广泛的共识。

(2)关注人民群众对行政机关和行政人员的时代诉求,深入理解公共伦理才干与绩效、社会、文化的关系,运用跨学科的研究方法探究影响公共伦理才干的中介变量和机制。

(3)甄选高效的评估工具和测量指标,运用多种测量方法。采用自评、同级评估、上级评估和观察等方法,客观、全面地评估公共伦理中的"才干",提升评估的准确性与有效性。

（4）充分考虑个体和组织层面的因素，找到最佳的培养和提高行政人员公共伦理才干的途径。如领导支持、树立正确的组织价值观和建立激励机制等，以实现行政人员公共伦理才干的全面提高和高质量发展。

（5）推动公共伦理文化的建设和发展。借鉴传统文化、现代伦理学和行为科学等理论，总结公共伦理实践的经验，传承和弘扬公共伦理文化，为公共伦理中才干的发展提供智慧支撑。

二、公共伦理中才干的内涵解析

基于学术界已有共识以及差异性认识，本教材对公共伦理才干的认识有三个基点。其一，要同时关照行政工作的特点和伦理规范的要求；其二，要分别考虑行政个体和行政组织应当具备的能力和素质；其三，要综合考量不同层级和不同职能、不同文化背景和价值观的差异。

为此，本教材将公共伦理中"才干"界定为：行政组织和行政个体为实现组织目标而推动工作开展，所应具备的遵循伦理规范的能力和素质。就行政个体而言，公共伦理中的才干指行政人员在道德意识、道德判断、道德行为等方面的能力；就行政组织而言，公共伦理视角下的才干是指行政组织为引导行政个体遵循伦理规范，所具有的价值观引领、行政文化培育、道德规范塑造的能力。

公共伦理中的才干具有敏感性、自律性、坚持性、互动性、发展性等特点。然而，在现实的行政实践中，多个行政个体共同组成一个行政组织。在这个意义上，行政个体的公共伦理才干的集合就构成了行政组织的公共伦理才干。具体内涵如下。

（一）道德判断能力

道德判断能力是行政人员在复杂的伦理环境中权衡各种利益和影响，基于公共利益和社会价值考量，对行政事务作出符合伦理规范和原则的判断能力。它包含对道德事务的敏感度、道德价值观的形成和运用、道德决策的依据等。道德判断的准确性与合理性对行政人员的道德行为和决策效能具有重要的影响。

（二）道德行为能力

道德行为能力是指行政人员在行政工作中能够积极践行公共伦理的原则与规范的能力。具体包括两个方面：一是行政人员充分认知并践行公共利益、公平公正、廉洁奉公等伦理价值观的能力；二是在面对公共伦理困境和道德压力时，能够保持高度的道德行为和道德操守。行政人员的道德行为对于建立和维护社会信任具有至关重要的作用。

（三）道德沟通能力

道德沟通能力是指行政人员能够与利益相关者进行有效的道德沟通，并建立和维护良好伦理关系的能力。这种能力体现在行政个体能够有效地传达道德观念和价值观，理解和尊重他人的道德观点，在团队和组织中建立和维护良好的伦理关系，进行建设性的讨论与合作，促进行政工作中的道德合作与道德协调，最终达到共同的公共伦理目标。

■（四）道德决策能力

道德决策能力是指行政人员依据道德判断,在涉及公共伦理和道德考量的复杂环境中,能够权衡各方利益,并作出符合公共伦理规范和原则的决策。不同层级和不同职能的行政人员由于具备的公共伦理才干存在差异,其道德决策能力也存在差异。

■（五）道德省思

道德省思是指行政人员提升自身伦理素养的能力。行政人员需要具备领导能力和管理服务能力,而这些能力都需要持续学习和不断发展。公职人员不仅要关注公共伦理领域的最新研究和实践,不断反思和改进自己的道德行为;还要不断强化总结,不断增长公共伦理的才干,能够有效组织和协调行政工作,确保公共行政高效运行。

■ 三、行政主体施展公共伦理才干面临的问题障碍

■（一）公共伦理观念和价值观的淡化

行政人员的伦理观念和价值观是其发挥公共伦理才干的基础。然而,在实践过程中,部分行政人员存在公共伦理观念和价值观淡化的问题,主要表现为:过于追求利益和权力,忽视了对公共利益和社会责任的担当;受到现实利益的驱使,对违反公共伦理原则的行为视而不见,甚至主动参与其中。这些问题导致了行政行为的失范。

■（二）公共伦理冲突和道德困境的挑战

行政工作人员在现实中常常面临公共伦理冲突和道德困境。行政人员在处理问题和决策时,可能面临不同的权益冲突和道德抉择。在这种情况下,公共伦理才干就显得尤为重要。然而,一些行政人员可能会因为公共伦理知识和能力的不足,无法妥善处理公共伦理冲突和道德困境等问题,导致行政行为的不端。

■（三）规范和制度的不健全

公共伦理才干的发挥需要有相应的规范和制度作为保障。然而,现实中一些行政机关的伦理规范和准则不够明确,缺乏具体指导和约束,导致行政人员在公共伦理实践过程中缺乏导向性。同时,一些行政机关的监督和问责机制不够完善,导致公共伦理违规行为得不到严肃处理,影响了行政人员公共伦理才干的发挥。

■（四）公共伦理教育和培训不足

行政组织往往注重对行政人员职业技能的培训和发展,忽视对其公共伦理才干的培养,这在一定程度影响了行政工作的顺利进行。一方面,行政机关对行政人员的伦理教育和培训投入不足,缺乏系统和全面的培训计划和课程,导致行政人员缺乏公共伦理才干的提升机会。另一方面,行政组织的公共伦理教育和培训内容、方法较为单一,无法满足行政人员增长公共伦理才干的现实需要。

（五）公共伦理中才干评估与监测问题

评估和监测是提升公共伦理才干水平的重要手段。目前,公共伦理中才干的评价标准尚未统一,不同地域和单位对于公共伦理才干的评价标准存在较大的差异,还未达成共识,这不利于评估体系的设计与实施。同时,部分行政组织的公共伦理才干监测机制不够健全,无法准确识别和反馈行政人员的伦理问题,这影响了公共伦理才干评估结果的准确性与可信度。

（六）跨部门合作中的协调难

跨部门合作往往需要对利益相关者进行协调,这也会考验行政人员跨部门发挥伦理才干的能力。然而,部门间的信息壁垒、权责不清等问题,也使得行政人员公共伦理才干发挥更加困难。同时,行政人员对自身伦理发展的重视不足,使得行政人员之间缺乏有效的沟通与合作,也阻碍了其公共伦理才干的发挥。

（七）公共伦理才干要求与社会实践不相适应

目前,公共伦理才干要求仍停留在理论探讨层面,实践中的探索主要聚焦于"廉洁与腐败"。公共伦理才干要求与公共行政的现实需求还有较大差距。同时,公共伦理才干本身内容的丰富性也要求其在实践中充分展现专业化、规范化、自主性,行政人员在现实中发挥公共伦理才干的保障措施和场景应用也还需进一步优化。

四、优化公共伦理才干实施路径

公共伦理才干是行政能力的重要组成部分,对于行政组织和行政个体实现组织目标、提升行政效能具有重要意义。增长公共伦理才干可从以下几个方面着力。

（一）强化公共伦理的教育与应用

行政组织应当加大公共伦理教育的力度,将公共伦理纳入行政人员培训课程,加强对行政个体的伦理教育,引导行政个体思考公共伦理问题。行政组织还可以有针对性地开展关于增长公共伦理才干的主题培训和专题讲座,邀请公共伦理领域的专家、学者授课。此外,公共伦理教育应注重理论与实践相结合,加强行政个体与行政实践的衔接。行政组织可以通过举办定期的调查研究和不定期的回看回访,通过挂职锻炼、角色互换等方式,提升行政人员对公共伦理才干的运用能力。同时,还可以搭建行政组织与行业组织、研究机构的合作平台,建立交流互访机制,不断增长行政人员的公共伦理才干。

（二）明确公共伦理规范和准则

行政组织应制定明确的公共伦理规范和行政准则,明确行政主体应遵守的道德要求和行为规范。这些规范和准则应将忠诚、担当、廉洁、公正、诚信等要求具象化,明确行政人员的职责与义务,规范行政行为的程序与标准,为行政主体提供明确的行为指导。同时,行政组织要多渠道、多层次、多形式开展对公共伦理规范和行政准则的宣传与解读活动,确保相关内容能够被行政主体充分认知与自觉认同。

■（三）建立公共伦理才干评价体系

各地区和相关单位对公共伦理才干的评价标准存在较大差异,需要建立健全统一的评价标准与指标体系,使评价结果更加准确、公正。同时,评价标准应涵盖公共伦理才干的道德判断、道德行为、道德沟通、道德决策、道德省思等方面的指标内容,以全面、系统地评估行政主体的公共伦理才干。

■（四）完善公共伦理才干的专业化培训体系

行政组织应针对不同岗位和不同层次的行政人员,制定专业化、适用性强的培训课程、培训方案与实施方案。此外,除了开展增长公共伦理才干方面的培训与交流外,要更加注重提高公共伦理素养在公务员职业培训中的地位,持续有效开展公务员职业行为规范、法律法规、政策法规等方面的教育培训,全面提升行政机关和公职人员的公共伦理素养。

■（五）健全公共伦理监督和约束机制

行政组织应建立健全公共伦理监督和约束机制,对违反公共伦理规范的不端行为进行严肃处理。一方面,要加强对行政人员的监督,建立健全相关举报投诉机制和处理程序,对违反公共伦理规范的失范行为进行严肃处理;另一方面,要不断提升公共伦理监督机构及其监督人员的监督能力,不断提高监督的专业化水平,确保监督工作的法治性、有效性与公正性。

■（六）要进一步提高组织的支持力度

行政组织应为行政主体提供良好的组织环境和支持机制,确保行政人员的公共伦理才干的有效发挥。行政组织的领导应具备较高的公共伦理素养,能够做到知行合一,模范遵守公共伦理规范,为其他行政人员提供示范引领。公共行政组织应加大对公共伦理教育和培训的投入力度,包括经费、师资和设施等方面的支持。行政组织还应当加强公共伦理文化的建设和弘扬,汲取其他国家行政组织增长公共伦理才干的优秀经验与做法。

■（七）要激活行政主体的伦理动机

行政主体的个体伦理动机是指行政人员主动增长公共伦理才干的内在驱动力。行政组织应当设立必要的道德激励机制来增强行政人员的个体动机,例如评奖评优、树立典型、物质激励、晋升机会和职业发展机会等。行政组织还可以通过建立良好的组织文化,弘扬公共伦理价值观,增强行政人员提升公共伦理才干的意愿。应当加强行政人员对公共伦理才干的认同教育,鼓励社会主体积极参与公共伦理的教育培训,主动学习和运用公共伦理知识解决公共行政中的问题,树立良好的形象。

只有行政组织和行政个体共同努力,才能更好地应对复杂多变的公共伦理问题,不断增长公共伦理的才干,提升公共服务质量,维护公共利益,提升行政组织的治理能力、社会信任度与政治合法性。

五、公共伦理才干的评估方法与指标体系

在学术界与政界中,针对公共伦理才干的评估方法及相应的指标体系的构建尚显匮乏。同时,公共伦理才干的测评对行政能力的评价至关重要。

(一)公共伦理才干的评估方法

公共伦理才干的评估是确保行政人员具备道德伦理方面必要能力的重要环节。为了确保评估的准确性与科学性,可以运用以下方法对公共伦理才干进行评估:行为观察法、问卷调查法、案例分析法、360 度评估法、面试法等。

1. 行为观察法

行为观察法指通过直接观察行政人员的行为来评估他们在伦理方面的才干。评估者可以密切关注行政人员的日常工作表现,包括决策过程、处理纠纷的能力、与公众和同事的互动等。通过观察,评估者可以判断行政人员是否遵循伦理准则、能否公正地处理事务,并根据观察结果给予评估。

2. 问卷调查法

问卷调查法指通过提出一系列问题,让行政人员自行评估其在公共伦理方面的才干。问卷中可以设计一些道德冲突的情境,要求行政人员选择适当的处理行为。此外,还可以考查行政人员对公共伦理准则的理解以及应对公共伦理挑战的能力。通过问卷调查,可以了解行政人员对公共伦理问题的认知与态度,从而评估其公共伦理才干的水平。

3. 案例分析法

案例分析法指通过给行政人员提供一系列实际案例,让他们进行分析并解决公共伦理问题。评估者可以观察行政人员对相关案例的分析能力、道德判断能力和决策能力。通过案例分析,评估者可以知晓行政人员在实际情境中应对伦理挑战的能力,并评估其公共伦理才干的水平。

4. 360 度评估法

360 度评估法指通过全方位的评估来全面了解行政人员在公共伦理方面的才干。这种评估方法涉及行政人员的上级、同事、下属、家人等所有利益相关者的意见与评价。360 度评估法通过收集多方面的反馈信息,综合评估行政人员的公共伦理才干水平,了解相关行政主体在不同方面的表现与影响力。

5. 面试法

面试法是通过面对面的交流,评估行政人员在公共伦理方面的才干。在面试过程中,评估者可以提出相关问题,观察行政人员的回答与表现。面试的内容可以涉及公共伦理冲突的情境、对伦理准则的理解和应对公共伦理挑战的能力等方面。通过公共伦理

的面试,评估者可以直接了解公共行政人员公共伦理方面的才干与水平。

在实践中,行政部门可以根据具体情况选择适当的评估方法,确保评估的科学性与民主性,并根据评估结果提供必要的公共伦理培训和学习机会,不断增长公共行政人员的公共伦理才干。

(二)公共伦理才干的指标体系

公共伦理才干的指标体系是评估和衡量行政人员公共伦理能力和行政道德素养的重要工具。构建一个科学合理的公共伦理评估指标体系,可以帮助行政组织有效评估行政人员的公共伦理才干水平,并为行政组织提供有针对性的提升方案。具体指标如下。

□ 1. 伦理认知能力指标

伦理认知能力指标主要用于评估行政人员对公共伦理原则、价值观和道德规范的理解和掌握程度。可以参考的指标包括公共伦理知识的掌握程度、公共伦理决策的准确性和道德判断的成熟度等。

□ 2. 行为规范能力指标

行为规范能力指标主要用于评估行政人员在实际工作中是否能够秉持行政道德原则和行政行为规范。可以参考的指标包括遵守法律法规的能力、廉洁自律的表现、对待职责的认真程度和对他人的尊重等。

□ 3. 组织支持能力指标

组织支持能力指标主要评估行政人员所在组织对公共伦理才干发展的支持程度。可以参考的指标包括组织在公共伦理教育培训方面的投入程度,及其公共伦理制度建设的完善程度和对公共伦理行为的监督与奖惩措施等。

□ 4. 行政主体的动机能力指标

行政主体的动机能力指标主要用于评估行政人员参与公共伦理培训的意愿的强烈程度。可以参考的指标包括主动参与公共伦理培训的积极性、道德自觉的表现和对公共伦理行为的追求等。

□ 5. 公共伦理风险管理能力指标

公共伦理风险管理能力指标主要用于评估行政人员的公共伦理风险管理能力,是行政人员识别、预测和管控公共伦理风险的能力。可以参考的指标包括识别潜在公共伦理风险、预测公共伦理风险的发展趋势、管理和应对公共伦理风险。

□ 6. 综合绩效能力指标

综合绩效能力指标主要用于评估行政人员在公共伦理才干方面的综合表现和绩效水平。可以参考的指标包括公共伦理问题处理的能力、与他人合作的行政道德表现和社会信任度等。

公共伦理的才干指标体系构建需要在综合采用多种评估方法的基础上,结合行政环境和公共伦理要求,不断地调整与优化,以确保评估结果的准确性与全面性。同时,公共伦理的才干指标体系构建需要多方参与,包括行政领导者、一般的公共行政人员、专家学者和其他利益相关者的意见与建议,从而构建一个被广泛认可的公共伦理才干评估指标体系。

第三节　公共伦理中"德""才"关系

"德"与"才"的关系是古今中外选人用人时需要考虑的根本性问题。虽然在某些特殊时期,可能会出现唯才是举等偏重才能的现象,但从总体上来看,一般都强调德才兼备。

一、"德"与"才"的关系论争

公共伦理品德和公共伦理才干是行政人员在履行公共职责时所需要具备的两个核心要素。二者之间的关系一直是学术界争论的焦点。公共伦理品德涉及行政人员的道德品质、道德意识和道德行为,而公共伦理才干则强调行政人员在处理公共伦理问题时所需要具备的知识、能力和技巧。关于公共伦理品德和公共伦理才干的关系的问题存在着一些论争。一种观点认为,公共伦理品德是公共伦理才干的基础,行政人员只有具备良好的道德品质和道德意识,才能够正确应对公共伦理中的问题。这种观点强调道德素养对行政人员的行政行为的重要影响,认为道德品质是公共伦理才干形成和发展的基础。另一种观点则认为,公共伦理品德与公共伦理才干是相互促进、相互作用的关系,二者并非单向影响。这种观点强调行政人员需要不断地学习来增长公共伦理才干,而公共伦理品德也可以通过公共伦理才干的增长得到巩固。

公共伦理品德与公共伦理才干关系的论争为我们研究新时代领导干部"德"与"才"的关系提供了不同的路径。本教材认为,公共伦理品德和公共伦理才干是相互依存、相互促进的关系,德才兼备是新时代党管干部和党管人才的必然要求。

从整体来看,公共伦理品德和公共伦理才干之间存在着辩证的关系。

一方面,公共伦理品德是公共伦理才干的基础和前提。行政人员只有具备良好的道德品质和道德意识,才能正确判断和处理公共伦理问题,严格遵守公共伦理原则和行为规范。例如,在政府决策的过程中,面对公共资源的分配和社会利益的平衡问题时,行政人员只有具备了忠诚、担当、公正等品德,才能作出符合公共伦理要求的科学决策。

另一方面,公共伦理才干是公共伦理品德实践的重要体现和有力支撑。行政人员只有具备丰富的伦理知识、分析能力和决策技巧,才能够将公共伦理品德转化为公共服务行动,并有效应对错综复杂的公共伦理问题。因此,公共伦理品德和公共伦理才干是相互依存、相互促进的关系。

此外,公共伦理品德和公共伦理才干的关系还体现在个体层面和组织层面。

就个体层面而言,行政人员的公共伦理品德和公共伦理才干是彼此交织、相互影响的。个体的公共伦理品德水平会直接影响公共伦理才干的应用与发挥。一个道德品质高尚、行为合乎规范的行政人员,通常都具备较高的公共伦理才干,能够更好地应对公共伦理问题。相反,一个道德品质低下、行为失范的行政人员,很难具备较高的公共伦理才干,其处理公共伦理问题的能力和效果也必然会大打折扣。

就组织层面而言,行政人员的公共伦理品德和公共伦理才干的发展都需要得到组织的支持和引导。组织对行政人员的伦理教育和道德教育是其公共伦理品德发展的重要推动力,而组织对行政人员公共伦理才干的评估和培养也是其公共伦理才干发展的关键环节。组织可以通过制定公共伦理行为准则、提供公共伦理培训和开展公共伦理讨论等方式,帮助行政人员提升公共伦理品德。同时,组织也应注重培养行政人员的公共伦理才干,通过提供专业知识的学习机会、组织针对行政人员分析和决策能力的训练等方式,提升行政人员处理公共伦理问题的能力。

值得注意的是,我们在研究公共伦理时,要更加重视组织对行政人员公共伦理品德和公共伦理才干的规导与培养。要加强公共伦理文化、公共伦理制度等方面的研究。在评估和培养行政人员公共伦理品德和公共伦理才干时,应充分考虑个体层面和组织层面的因素,并将二者有机结合,以确保行政人员"德""才"评估和培养的有效性与针对性。

■ 二、公共伦理品德对公共伦理才干的影响

■(一)影响道德认知与道德判断能力

行政人员的道德认知是指他们对公共伦理问题的认知与理解能力。良好的公共伦理品德能够促使行政人员形成正确的道德价值观和行政服务准则,并将其融入公共伦理问题的判断与决策过程中。

例如,行政人员具备诚实守信、公正廉洁的品德,就可能在面对贪污腐败、权力滥用等公共伦理问题时,作出正确、公正的道德判断。行政人员若缺乏道德品质,就很可能在面对利益诱惑时,作出违背行政道德原则的事情。

■(二)影响公共伦理问题的敏感性与应对力

公共伦理品德要求行政人员对伦理问题具有高度的敏感性,能够辨识公共伦理的冲突与困境。行政人员如果具备良好的公共伦理品德,就能更容易发现公共伦理中的问题,从而能够及时提高警觉,并采取相应的措施有效应对。公共伦理品德可以帮助行政人员对公共伦理问题进行深入思考与科学分析,有利于提高行政人员对公共伦理冲突的应对能力。

■(三)影响道德行为与职业道德

良好的公共伦理品德能够促使行政人员具备正确的职业道德和行为规范,并在日常的行政实践中将其内化。行政人员不仅要具备公共伦理知识,还要能够将公共伦理知识转化为治理方法与技巧。

例如,在政府决策涉及资源分配与利益平衡的时候,行政人员具备了担当、公正等品德,就能够将公共伦理原则转化为实际政策执行的效能。而只有具备良好的公共伦理品德,行政人员才能够在日常行政工作中以诚实、公正、廉洁的行为规范,塑造良好的公务员职业形象。

■（四）影响伦理决策的准确性与公正性

公共伦理品德是行政人员行为规范的基础，它涉及忠诚、担当、诚信、公正、廉洁等方面的品质。行政人员如果具备良好的公共伦理品德，会更容易作出科学与公正的伦理决策，避免被个人利益和偏见影响。公共伦理品德可以帮助行政人员理性分析和权衡公共伦理问题，尽量避免主观意识和个人情感的干扰，确保决策的客观性与公正性。

■（五）影响组织支持与职业发展

良好的公共伦理品德能够为行政人员赢得组织的信任和支持，以及更好的职业发展机会和工作环境。组织对行政人员的公共伦理品质和道德行为进行评价和认可，并将其作为晋升、培养和激励的重要因素。这种支持和认可激励着行政人员通过学习和实践不断提升自己处理公共伦理问题的能力与水平。反过来，行政人员具备较高的公共伦理才干，才能够更加有效地应对公共伦理问题，并通过公务员职业道德的实践体现良好的公共伦理品德。

综上所述，公共伦理品德对公共伦理才干的影响是多方面的。良好的公共伦理品德能够促进行政人员的道德认知和道德判断能力的发展，促使他们在公共伦理决策和行政行为中坚持正确的道德观念和行政准则。同时，公共伦理品德也能够督促行政人员遵守职业道德和行为规范，促使他们将公共伦理原则转化为实际的行动和实践。此外，公共伦理品德还能够激励行政人员不断提升公共伦理才干。

■ 三、公共伦理才干对公共伦理品德培养的作用

公共伦理才干对公共伦理品德培养的作用不可忽视。公共伦理才干的增长可以使行政人员更好地理解和运用公共伦理知识和行政服务技能，作出准确而恰当的道德判断。公共伦理才干包括行政人员在处理公共伦理问题时的能力和水平，以及权衡利弊、化解公共伦理冲突的能力。

■（一）伦理知识的学习和应用对公共伦理品德培养的作用

行政人员只有具备了丰富的伦理知识，才能够深入理解公共伦理原则和道德规范，掌握公共伦理决策的方法与技巧。通过学习公共伦理和实践，行政人员能够对公共伦理问题有更深入的认识与理解，从而能够在行政工作中更好地处理公共伦理问题。行政人员学习公共伦理知识，能够了解不同公共伦理观点与价值观的区别，从而更加客观地分析和评估影响公共伦理决策的各种因素，有利于创建全面而合理的公共伦理判断标准。通过将公共伦理知识应用到公共行政过程中，行政人员能够更好地理解和遵守公共伦理规范，形成良好的公共伦理品德。

■（二）公共伦理决策的能力对公共伦理品德培养的作用

行政人员的伦理决策和行为能力受到其公共伦理才干的影响。行政人员可以通过学习和实践，增长公共伦理才干，逐步具备较高水平的公共伦理决策能力。行政人员的

公共伦理才干包括分析伦理问题的能力、权衡不同利益的能力、解决伦理冲突的能力等。这些能力的提升将直接影响行政人员在面对公共伦理问题时的决策和行为选择,使行政人员在处理公共伦理问题时更加客观、公正、明智,避免被主观意识和个人偏见干扰。通过不断的学习和实践,行政人员可以提高自身的公共伦理决策和行政行为能力,形成良好的公共伦理品德。

(三)道德判断与道德行为的发展对公共伦理品德培养的作用

具有公共伦理才干的行政人员,能够更好地理解和运用道德规范,作出准确而恰当的道德判断。行政人员在处理公共伦理问题时,需要考虑不同利益相关方的利益平衡和公正分配,同时也需要遵循道德原则和社会伦理价值。通过增长公共伦理才干,行政人员能够更好地权衡各种因素,作出符合公共伦理原则和社会期望的合理决策。同时,在实际行动中,行政人员还需要将行政道德原则转化为具体的行政行为,更加自觉地遵循行政道德规范,形成忠诚担当、诚实守信、公正廉洁的公共伦理品德。

(四)组织支持与行政文化对公共伦理品德培养的作用

组织能为行政人员的公共伦理才干增长提供重要的引导与支持。组织可以通过制定相应的公共伦理规范,为行政人员提供明确的行为导向和道德准则。通过开展公共伦理培训,组织可以帮助行政人员增长公共伦理才干,培养他们的道德意识和道德行为。同时,组织的行政文化和价值观也对行政人员的公共伦理品德产生重要的影响。良好的行政文化往往会强调道德价值观和行为规范,鼓励行政人员遵守公共伦理原则,促使行政人员形成良好的公共伦理品德。

(五)个人发展与职业道德对公共伦理品德培养的作用

行政人员通过增长公共伦理才干,能够提高个人的职业道德素养与自律能力。公共伦理才干的发展使行政人员能够更好地应对复杂的伦理问题,作出符合行政职业道德和社会期望的行政行为。同时,公共伦理才干的增长也有助于行政人员在职业生涯中实现个人的成长,从而更好地适应工作环境和现实要求,提高自身的竞争力。

综上所述,公共伦理才干对公共伦理品德培养的作用是多方面的。行政人员通过学习和实践,能够加深对公共伦理问题的认识和理解,提升公共伦理决策和行政行为能力。公共伦理才干的增长还可以使行政人员更加客观、公正、明智地处理公共伦理问题,作出良好的道德判断与道德行为。此外,公共伦理才干的增长还受到组织支持和行政文化的影响,同时也有助于个人发展和职业道德的培养。因此,公共伦理才干对公共伦理品德培养具有重要的作用。

四、公共伦理中品德与才干的关系及互动案例

(一)公共伦理品德与公共伦理才干的关系案例

1.公共伦理品德和公共伦理才干是相互依存的

公共伦理才干作为行政机关和行政工作人员重要的职业技能,它的运用必须有公共

伦理品德的约束,确保行政机关与行政人员在工作中能遵守职业道德,发挥职业精神。例如,在政务公开方面,公共伦理品德要求政府及其工作人员利用公共媒体,及时准确地发布政府工作的有关信息,保证公众的知情权、参与权与监督权;而公共伦理才干则要求政府工作人员具备与媒体、公众等社会主体沟通合作的专业知识和操作经验,进行准确及时的信息发布与问题回应。因此,公共伦理中品"德"与"才"干是相互依存、相互渗透的。

□ 2. 公共伦理品德与行政伦理才干是相互促进的

公共伦理品德与公共伦理才干的融合不仅可以让行政组织和行政人员在工作中规避违法违纪行为,还有利于培养他们的创新意识和灵活应对能力。例如,在公共安全管理领域,公共伦理才干能够为工作人员提供必要的技术支持,帮助行政工作人员快速准确地获取相关数据与信息,以提升处置应急事件的效率;同时,公共伦理品德也能够作为行政工作的核心规范,引导行政人员遵守职业道德规范,帮助行政工作人员树立正确的价值观和行为准则,从而更好地服务公众,更好地维护公共利益与社会的和谐稳定。

□ 3. 公共伦理品德与公共伦理才干相辅相成

公共伦理品德是公共伦理才干的基础,公共伦理才干是践行公共伦理品德要求的手段。例如,在公安机关,一名优秀的警察不仅需要掌握执法技能和职业素质,还要遵守职业道德。在抗击"5·12"汶川大地震中,许多医护人员主动承担救治伤员的工作,他们以崇高的人道主义精神、精湛的专业技能,充分彰显了医护人员的职业素质,给地震灾区的人们带来了生命与生活的希望。

案例:孟连事件

▓ (二)公共伦理品德与公共伦理才干互动的案例

江苏某地方高官收受了企业的贿赂,有悖于公共伦理品德要求与职业道德。这个案件曝光后,引起了社会广泛的关注。江苏省委省政府决定展开反腐倡廉行动,以恢复公众对地方政府的信任。在此过程中,政府需要行政人员具备公共伦理才干,以正确处理公共伦理问题并确保反腐倡廉行动的有效开展。

政府要求所有行政人员以身作则,树立廉洁自律的榜样。通过宣传与教育,广大行政人员意识到贪污腐败对党和国家、社会的严重危害,并深刻认识到自身行为的重要性。行政人员积极参与反腐倡廉活动,自查自纠自己的行为,践行忠诚、奉公、担当、诚信、廉洁的服务理念,全心全意为人民服务。

政府为行政人员提供了相关的培训与教育,能够帮助他们理解反腐倡廉的原则与程序。行政人员通过理论学习与案例研讨,提升了公共伦理决策和处理公共伦理问题的能力,能够识别潜在的腐败行为,积极采取行动,进一步提升自己拒腐防变的能力。

通过正确处理公共伦理品德和公共伦理才干的关系,政府成功地推动了反腐倡廉行动。行政人员通过自我反省和行动示范,提高了对伦理问题的敏感性和专业性,使得反腐倡廉行动取得了积极的成果,并成功重建了公众对政府的信任。

通过对公共伦理品德与公共伦理才干互动案例的学习,我们可以发现:在行政组织和行政人员的公共行政活动中,公共伦理品德与公共伦理才干具有紧密的逻辑联系,二者相互依存、相互促进、相辅相成。只有在公共伦理品德与公共伦理才干的共同作用下,才能够更好地提高行政服务质量,不断满足人民美好生活的需要。

■ 五、正确处理公共伦理品德和公共伦理才干关系的原则与方法

■ (一)正确认识二者关系需坚持的原则

□ 1. 公共伦理品德优先原则

行政人员在行使职权和处理事务时,应始终将公共伦理品德放在首位,以道德和公正为准则。无论面临何种压力与诱惑,都应坚守公共伦理的底线,不能为了个人私利损害公共利益。

□ 2. 知行合一原则

行政人员应将公共伦理知识与行政实践相结合,不仅要具备公共伦理的理论知识,还要能够运用公共伦理原则来指导实际行动。只有将行政道德理念与准则运用到公共行政实践中,才能真正发挥公共伦理才干的作用。

□ 3. 独立自主原则

行政人员应保持独立的思考和判断能力,不受个人偏见和外部环境的影响。要根据公共伦理原则与行政职责,客观公正地处理公共伦理问题,不被个人情感与利益左右。

□ 4. 持续学习原则

行政人员需要同时具备公共伦理品德与公共伦理才干,通过不断学习和深刻反思,提升自身的公共伦理素养,才能跟上新时代对行政人员公共伦理的新要求。

□ 5. 责任担当原则

公共行政人员应当对自己的行政行为负责,承担行政行为的责任与后果。行政人员要坚持廉洁自律、诚信守法,自觉维护公众利益,应积极承担属于自己的责任,勇于担当,做让人民满意的勤务员。

□ 6. 合规合法原则

行政人员在处理公共伦理问题时,要按照组织要求,模范遵守法律法规,确保行政行为合规合法。公共伦理品德与公共伦理才干的彰显不能违背法律和组织的规定,一定要在宪法和法律框架内运用公共伦理知识与相关技能。

处理公共伦理品德与公共伦理才干的关系必须坚持上述原则,只有这样,行政人员才能在行使职权和处理事务时,获得公众的行政道德的认同,以及组织的强力支持,确保公共行政活动的公共性、伦理性与合法性的统一。

■(二)正确处理公共伦理品德与公共伦理才干关系需运用的方法

正确处理公共伦理品德与公共伦理才干的关系是实现良政善治的关键。在实践过程中,综合运用以下方法,可与时俱进地完善行政人员的伦理品德,提高其专业能力,不断提高行政人员的服务能力与治理效能。

□ 1. 理论与实践相结合

行政人员要将公共伦理的知识与实际工作相结合,通过学习公共伦理原则和公共伦理规范,充分知晓应对公共伦理问题的方法与技巧,将其应用于公共行政实践中,并在公共行政实践中进行反思与总结,不断提升公共伦理才干。

□ 2. 案例分析法

行政人员要通过分析公共伦理案例,了解不同情境下的公共伦理冲突与困境,研讨案例中的公共伦理问题,提出解决问题的方案。这样可以培养行政人员的公共伦理思维与伦理判断能力。

□ 3. 角色扮演与模拟训练

通过模拟真实的行政工作情境,让行政人员扮演不同的角色,直面所要解决的公共伦理问题。通过角色扮演和模拟训练,行政人员可以有效提升公共伦理的决策能力与应变能力。

□ 4. 教育与培训相融合

政府可组织公共伦理方面的教育培训,向行政人员传授公共伦理知识和技能,帮助行政人员增长公共伦理才干。教育培训可包括课堂教学、专题讲座、专题研讨会等形式。

□ 5. 反思与评估相统一

行政人员需要对自身的行政行为进行反思与评估,及时发现不足之处并加以改进。可以通过定期的自我反思、同行互评、上级评估等方式,不断完善公共伦理品德、增长公共伦理才干。

□ 6. 协作与合作相贯通

行政人员可以与同事、上级和专业人士进行协作或合作,共同解决公共伦理问题。通过与他人的交流与合作,行政人员可以从不同的角度获得经验与启迪,不断提升应用公共伦理解决实际问题的能力。

处理公共伦理品德与公共伦理才干的关系,需要运用理论与实践相结合、案例分析、角色扮演与模拟训练、教育与培训相融合、反思与评估相统一、协作与合作相贯通等多种方法。通过对这些方法的正确运用,行政人员可以不断完善公共伦理品德、增长公共伦理才干,并将其转化为解决公共伦理问题、破解公共伦理困境的方法与路径。

本章复习题

1. 简述公共伦理品德的特点。
2. 简述公共伦理才干的要素有哪些？
3. 简述公共伦理品德与公共伦理才干的关系。

复习题参考答案

本章参考书目

1. 刘祖云：《行政伦理关系研究》，人民出版社 2007 年版。
2. 张康之：《行政伦理的观念与视野》，中国人民大学出版社 2008 年版。
3. 林庆：《行政文化与伦理研究》，中国社会科学出版社 2011 年版。
4. 杨文兵：《当代中国行政伦理透视》，南京师范大学出版社 2012 年版。

第八章
公共伦理中的优秀与平庸

——本章导言——

努力建设一支忠诚、有担当的高素质公务员队伍,关系到党的执政能力、执政基础、执政地位。新时代,我国选人用人的原则与标准为培养选拔优秀党政人才指明了正确的方向,有效激发了党政干部与公务员队伍的生机活力。

第一节　公共伦理中的优秀

公共伦理中的优秀主要是指行政人员在行政管理活动中所表现出来的高尚的道德品质与行政人格。行政人员的道德修养是一面镜子,可以折射党和政府的外在形象,因此,必须高度重视培养行政人员的优秀道德品质,提高广大行政人员的道德素养,完善其行政人格。这不仅有利于行政人员个体人格的健全,也有助于行政人员在行政活动中养成遵守公务员职业道德规范、提高职业技能的习惯,真正做到"行政为民"。

公共伦理中优秀的道德品质在不同时代、不同阶级,有着不同的内涵。弗雷德里克森把公共行政视为一种"道德努力",认为行政人员有着"更高的目的",具有不同的人格特征和更高的道德品质,包括审慎、道德英雄主义、对人类的关怀和爱心、对公民的信任和对道德进步的持续追求。阿普尔认为,公共行政人员必须具备三种优秀的道德品质:乐观、勇气和仁慈的公正。登哈特认为荣誉、仁爱和正义是政府公职人员应该具备的优良品质。这些不尽相同、各有千秋的关于行政人格的德性清单,客观上为我国的公共伦理建设与教育提供了有意义的参考与借鉴。随着时代的演进,公共伦理中的优秀品质要求会不断地提高与完善。同时,道德人格本身不是各种独立的美德的简单相加,这些美德和实践紧密相连,是一种诉诸实践的道德理性。它们在内容上相互渗透、彼此促进,并通过活生生的行政实践表现出来,而且往往会因为服务于不同的目的而改变其性质。因此,我们应从整体上、原则上对其加以把握。基于此,本教材对我国公共伦理中的优秀道德人格的特质和时代内容作了以下诠释。

一、公共伦理中优秀道德人格的特征

公共伦理中优秀道德人格往往具有公共性、服务性、责任性等特征。

（一）公共性

从行政主体活动领域的角度分析，行政人员所具有的道德人格是"公共人格"而不是"私人人格"，因而具有公共性。这是因为"行政事务和个人之间没有任何直接的天然联系，个人之担任公职，并不由本身的自然人格和出身来决定"。[①] 也就是说，个人担任公职是由公共行政本身的职能和要求决定的，而不是出于个人本身的自然人格。行政人员必须反映和代表社会的"公共意志"或"公意"，致力于实现公共的利益。行政人员如果从个人意志出发，只考虑个人的利益，就背离了行政人员的角色特征。行政人员在社会生活中地位突出，手中掌握了公共权力，他们是国家法律、政策、法规的重要制定者和推行者，是群众利益的代表和维护者，是公共意志的体现者与协调者，他们行政道德实践及其遵循的公共伦理观、价值观，对公民道德、社会人格和社会成员起着示范与导向作用。

（二）服务性

从行政主体的伦理动机的角度看，行政人员所具有的道德人格是"服务人格"而不是"管制人格"，具有服务性。现代社会已由统治型社会过渡到了治理型社会。"治理"的实质是建立在市场原则、公共利益和认同之上的合作行动。它所拥有的治理机制不依赖政府的权威，而是合作网络的权威，它的权利向度是多元的、相互的，而不是单一的和自上而下的。行政人员是公共利益的代表和维护者，必须摒除个人利益至上的原则，树立公共利益至上的意识，实现价值目标的根本性转移，即把一种占有的追求转化为一种奉献的追求。正是基于这种行政价值判断，我们认为，行政人员具有"义务人格"或"服务人格"。

（三）责任性

从行政主体道德践履的角度来看，行政人员所具有的道德人格是"责任人格"而不是"权利人格"，具有责任性。行政人员的"责任性"的内涵就是要求行政人员必须正确处理私权与公权的关系，要有公共职业责任意识，用责任意识取代权利意识，维护社会公正等道德价值，成为公民大众的忠实代理人。从公共行政的产生及其存在的合理性根源来看，公共权力与公民权利之间的关系是一种"社会契约"关系。公共权力是将公民让渡的部分权利进行集中使用的一种形式，其目的在于更好地保障公民权利特别是公共利益。因此，行政人员手中掌握的权力，既不是他们与生俱来的权利，也不是超越于公民权利之外的"特权"，而是用于保护公民权利、实现公共利益的公共权力。这就决定了在公共行政的范围内，任何组织和个人必须注重公共责任而不能强调自身的权利。

---

① 黑格尔：《法哲学原理》，范扬、张企泰译，商务印书馆1961年版，第66页。

二、公共伦理中优秀道德人格的时代内容

参照新时代领导干部的"五好"标准,新时代公共伦理中优秀道德人格的主要内容包括勤政为民、清正廉洁、开拓创新、诚实守信、宽容大度等内容。

视频:坚持
好干部标准

(一)勤政为民

勤政是一种高尚的道德情操,源于行政人员对自己从事的职业价值的认同。勤政也是一种人生态度,体现了行政人员积极向上、勤奋工作的精神。行政人员要求有高度的社会责任感。在现代公共行政理论中,理想的行政是以公共服务为出发点和目的的。以服务为宗旨的行政实践,确保行政权力的正当性与合法化,是社会发展的必然要求。因此,勤政为民是行政人员优秀道德人格的核心要求。它要求行政人员真心诚意,认真倾听群众的意见,了解群众的真实需求,为群众排忧解难;要深入群众,想群众所想,急群众所急,切实帮助群众解决工作、生活中的实际问题;要有强烈的正义感,敢于扶正祛恶,多办好事、多办实事。

(二)清正廉洁

清正廉洁是行政人员塑造优秀道德人格的必然要求。行政人员代表国家执行公务,其权力是人民授予的,是属于其所在的职位的。所以,行政人员必须正确运用手中的权力,为人民的利益而工作。行政人员能否保持清正廉洁不仅是道德问题、经济问题,也是重要的政治问题。贪污腐化、以权谋私的行为,违背了公共行政的宗旨与原则,也损害了政府的形象与威信。因此,行政人员必须确保人民公仆的本色,谨防蜕化变质;必须克己奉公,秉公办事,遵守纪律,不徇私情,任何时候都不能以权谋私。

(三)开拓创新

创新是公共行政与社会治理的灵魂。开拓创新是行政人员优秀道德人格中的重要因素。行政人员作为行政主体,必须具备创造性地开展公共行政的能力。因为他们的道德生活本身、道德判断和道德评价能力的发挥都必须具有创造性。对行政工作的开创性态度,不仅是行政人员的权利,更是他们的责任与义务。只有在开拓创新中,行政人员的内部潜能才能得到充分发挥。同时,开拓创新要求行政人员解放思想,实事求是,理论联系实际,勤于思考,与时俱进,锐意进取,大胆开拓,要在理论、体制、思维方式、工作方式、工作方法以及领导方式和方法上不断创新。

(四)诚实守信

诚实守信是经济发展、社会和谐、生活稳定的重要因素。对个人来说,诚实守信是一种道德品质与道德信念,也是每个公民的道德责任,更是一种崇高的人格力量。对企业和团体来说,它是一种形象、一种品牌、一种信誉,是使企业兴旺发达的基础。对国家与政府而言,诚实守信是国格的体现。诚实守信作为行政人员塑造优秀道德人格的基本因

素,一方面源于政府诚信的示范作用。政府是行政的主体,政府的行政行为对经济社会发展起着调控、主导和引领作用,这就要求政府加强对行政人员的诚信教育,大力弘扬实事求是的优良作风,坚持依法行政,把诚实守信贯穿于一切工作之中,遵循"信为政基"的古训。另一方面,诚实守信也是行政人员自尊、自重、有力量的表现。它要求行政人员做老实人、说老实话、办老实事,反映情况要实事求是。

■（五）宽容大度

宽容大度作为行政人员塑造优秀道德人格的基本职业操守,是时代发展的必然要求。行政人员具有特殊的社会身份,他们联结着政府、公民大众、上级领导和下属公务人员、同级行政组织,在处理人际关系时保持宽容大度是行政人员履行伦理责任核心要求。从实践理性的层面来看,宽容大度是一种美德,更是一种教养。因为隐含在宽容精神背后的是行政人员的权力自控、道德自律和意志理性,它包括一定程度的、有原则的妥协与让步,是行政人员自我修养、自我完善的结果。在现代公共行政中,"以人为本"的治理理念,要求行政人员拥有宽容大度的道德品格,能关心、帮助、团结他人,调动一切积极因素,建立文明、和谐的人际关系,构建平等对话、交流、互动的政治平台,真正贯彻执行群众路线。

总之,行政人员优秀道德人格的主要内容是一个相互作用、相辅相成、纵横交错的立体模式。引导行政人员树立行政道德人格,能够对行政人员起导向与激励作用,促使其在行政活动中不懈追求、积极进取,从而成为道德高尚的、有所作为的人。

■ 第二节　公共伦理中的"平庸"

《荀子·不苟》曰"庸言必信之,庸行必慎之"。这里的庸言指"日常的言语",庸行指"日常的行事"。庸人一般指"平常人",亦指见识浅陋的人。其实,平庸并没有什么可责备的,社会中的大多数人可能都是平庸之辈。但公共伦理中的平庸并非指"平常人",领导干部队伍中,具有平庸的公共伦理人格的个体,其庸碌、庸俗的指数,是要高于社会一般水准的。在社会发展进步的同时,一些行政人员平庸得连社会成员的一般水准也达不到,却能泰然自安,这样的人会贻害无穷。

■ 一、公共伦理中平庸人格的表现及危害

庸官,自古有之。但在不同时期,庸官的表现不尽相同。党的十八大报告指出,要着力整治庸懒散奢等不良风气。其中,"庸"是多种不良风气之首。当前,平庸这种"慢性病"最突出的表现就是思想平庸、能力平庸、工作平庸。有的行政人员不求有功但求无过,在其位不谋其政,安于现状,遇到矛盾绕道走;有的"怕"字当头,谨小慎微,墨守成规,只做保险事,不探新路子;有的精神萎靡、得过且过,多一事不如少一事,做一天和尚撞一天钟。

案例:承德高新区
行政审批局被问责

（一）庸官懒政的表现形式

从现实来看,庸官懒政具有三种典型表现形式。

1. 消极逃避,不作为

十八大以来,高压反腐对整个干部队伍产生了强烈的震慑作用,一些问题官员忧心忡忡,无心投入工作,而部分干部则安于现状,抱持只要不出事、宁肯不干事的保守心态,工作热情减弱,进取意识淡化,对不影响自己利益与职位的事情,视而不见、充耳不闻;又或者明哲保身、推诿回避,怕工作失误、冒风险,也怕触及利益、得罪人,凡有难度、有风险的事情,议而不决,决而不行,推不掉的就设法绕行,绕不过的就尽量拖延。这些不作为看似是反腐带来的后遗症,但反腐并非庸官懒政的根源。实质上,懒政怠政与腐败一样,都源于当官图利的腐败之心。当制度不严、风声不紧,办事有腐败之利时,这些官员就表现出极大的事业心与工作热情;而当制度收紧,腐败会丢官,做事无意外之财时,就转而消极逃避、无所事事。

2. 不善学习,懒作为

还有一种庸懒之官并非办事拖拉、推诿回避,而是懒人懒办法,懒人办懒事。这些官员平时不注重学习,缺乏历练,理论与业务水平低下,综合素质不高,既缺乏对复杂社会矛盾的认知,也缺乏对基层情况的熟悉了解,一出现问题,不论其复杂性,只图简便省事,不作具体分析,不顾成效与后果,简单一刀切。这些懒办法省去了调查研究之苦,避免了日常管理的麻烦,但却给人们的生产和生活带来不便。尤其在处理涉及群众利益事项时考虑问题简单,方式方法呆板粗暴,犯了本本主义、教条主义错误,往往使简单问题复杂化,甚至会激化矛盾;遇到急难险重的突发事件时束手无策、处置不当,造成重大损失。

3. 虚张声势,假作为

如果说懒作为的问题在于不讲方法靠蛮干,思维简单,办事粗暴,那么假作为则是毫无办事之心,装样子,善表演,虚张声势,大搞形式。对于群众的诉求和上访意见,刻意压制、尽力欺瞒、敷衍了事;对作秀贴金之事,不遗余力、努力经营、乐此不疲。这些官员毫无作为却百般掩盖,还要制造积极努力、风风火火的假象。

（二）庸官懒政的危害

平庸这种"病"的危害不容小觑。一些庸懒、默默无为的党员干部看似无欲无求,实则如同国家肌体上的"肿瘤细胞",败坏社会风气、贻误社会发展,为害不浅。并且这种不良风气极易在行政人员中传播,领导干部不作为就会导致"上行下效",导致整体的工作作风被动拖沓、但求无过;普通工作人员混日子就会导致互相攀比、心态失衡,各项工作敷衍了事、得过且过。

1. 庸官、懒官破坏了政府公信力

任何政府,一旦丧失了公信力,就意味着它即将走向衰败的终点。而政府的公信力是建立在政府服务公众的正确决策之上的,同时,也取决于政府工作人员为人民服务的态度和成效。一直以来,党和政府坚持全心全意为人民服务的宗旨,广大干部坚持对人

民负责的工作态度,使党和政府在人民群众中树立了崇高的威信。但有一些政府官员与办事人员,在岗却不在状态,在位却不谋公事,拿钱不干事、当官不作为。群众到他们那里办事,常常是"门难进、脸难看、事难办"。长此以往,群众就会对这些庸官、懒官从不满到心生怨恨,从怨恨个别干部到怨恨政府,这极大地影响了政府的公信力。

□ 2. 庸官、懒官有损党的先进性

我们党的先进性是靠全体党员特别是党的干部积极进取的精神和令行禁止的优良作风保持的。如果说贪污腐败是对党的"致命伤",那么庸官、懒官则会使党患上"慢性病",同样会危害党的生命力。庸官、懒官们最大的特点就是平庸与懒惰。不论发展的压力多么大、民生的问题多么急、机遇变化多么快、上级的要求多么明确,他们总也快不起来,悠悠然地磨蹭着,心懒、嘴懒、手懒、身懒。这种庸官懒政,会使群众的切身利益受到损害,使党纪国法变成一纸空文,使党和政府脱离人民,使政权机器生锈、坏死,最终会使执政党丧失先进性与执政地位。

□ 3. 庸官、懒官贻误正常工作

对于领导干部来说,如果在其位不能谋其政,中央大政方针政策及决策部署得不到有效贯彻落实,就会错失政策红利,错失发展机遇;对于一般同志来说,不能干事、不敢干事、干不成事、容易出事,必然会出现工作落后、任务落实不到位、服务水平低、群众不满意等问题,影响整体工作和大局。而庸官、懒官不干事或干不成事而无事,又必然对其他人产生负面影响,使懒散、拖沓、推诿扯皮、得过且过等不良习气滋生蔓延,从而削弱整个队伍的战斗力。

二、公共伦理中平庸人格的成因分析

□ 1. 缺乏理想信念,干部思想抛锚

理想信念是共产党人干事创业的第一驱动力。有些领导干部党性观念、理想信念不坚定,权力观错位,不能正确履行服务改革发展、服务人民群众的职责,在发展的机遇和挑战面前畏首畏尾,不敢作为;在矛盾问题面前敷衍塞责,逃避推诿;面对决策错误、改革失误、监管失察等问题时,不愿纠偏、不敢担责,欺下瞒上,一意孤行;是非观念不强,在原则立场问题上没有主见,在一些违反党纪国法和社会公德的人和事面前怕得罪人,当老好人,不敢碰硬。

还有一些干部没有树立正确的人生观、价值观,或原本就抱有升官发财的扭曲价值观,盲目接受各种消极颓废的文化思潮和思想观念,做人处世、为官从政趋于功利,正义正气不足,立身之本不牢;性情浮躁,胜骄败馁,顺境时夜郎自大,不知自重、自省、自警、自励,甚至贪污受贿、腐化堕落,逆境则怨天尤人、自暴自弃。总而言之,一旦理想信念淡漠了,责任心与使命感就容易缺失,不作为和庸懒散等问题就会随之而来。

□ 2. 全面科学的干部考核制度尚未建立

干部队伍建设是一个动态过程,重点在"上"和"下"、"进"和"出"的问题上。首先,现实中存在的"能上不能下"等问题,导致领导干部缺乏竞争意识,部分干部对自身要求不高,缺乏事业心和责任感,上进心和进取精神不足,没有忧患意识,认为"无过就是功"。

这不仅为庸官、懒官的产生提供了土壤,而且严重影响了干部队伍的生机与活力。其次,现有的领导干部考核指标体系中,GDP 的权重过高。一些地方把 GDP 的高低和增幅作为领导干部晋升最重要的,甚至是唯一的晋升指标。再次,一些地方领导干部选用上片面强调年轻化,让一些 35 岁以上的副科级干部、45 岁以上的正科级干部、50 岁以上的副处级干部失去了干事创业的激情。因此,选人用人制度方面的缺陷,会直接影响干部队伍整体素质的提高,难以起到有效的激励作用。

□ 3. 责任追究制度不够完善

缺乏完善的责任追究制度也是一些庸官、懒官不作为的重要原因。在现行的责任追究制度中,对责任如何追究、追究到什么程度,缺乏硬性和操作性强的规定,责任追究的内容和方式也比较简单抽象。"多干事多出错,少做事少出错,不做事不出错"在基层有很大的市场。现有的问责制度对于那些安于现状、不思进取、得过且过的人十分有利。这样,"不求有功,但求无过",安心做太平官便成了不少领导干部的工作态度。

□ 4. 有效的干部监督机制缺乏

现有的干部监督机制往往停留在表面、流于形式,造成干部选拔任用工作责任主体界定不清、责任情形划分不明、责任追究不到位,使干部监督缺乏针对性、操作性与实效性。这种缺乏高压线的监督,对干部队伍建设中存在的问题不认真看、不抓关键,往往是雷声大雨点小,口号喊得响亮、行动走过场,会使纠风督察成为"一阵风",治标不治本。

□ 5. 对真抓实干者的激励力度不足

现行的考核评价机制仍有不完善、不科学之处。认真干事者和消极无为者之间没有明显的区分度,干与不干一个样、干多干少一个样、干好干坏一个样,这样极易挫伤干事创业者的热情与积极性。只有对尸位素餐者开准药方、敢于动刀,让混日子的人无处遁形、不敢懈怠,使实干善干能干的人得到重视、获得职业认可感和成就感,才能激发领导干部队伍的内在活力,让领导干部能够在新时代展现新作为。

三、有效治理公共伦理中平庸人格的措施

平庸也是一种恶。庸官们用唯命是从掩盖自己的平庸、靠泯灭个性获得上级的赏识,他们只对自己负责,而不对国家和人民负责,缺乏起码的责任意识。养庸懒政的现象虽然在短期内并没有给群众利益造成直接损失,也没有给社会带来很大的危害,不像一些极端的恶那么容易辨识,但如果这些恶习扩大蔓延,那么相当一部分领导干部就会丧失冲劲、干劲,变得明哲保身、不思进取、不愿担当。

领导干部要拎着"乌纱帽"为民干事,而不能捂着"乌纱帽"为己做官。[①] 对于庸官懒政者必须以猛药去疴、重典治乱的决心,以雷厉风行、立说立行的劲头,以下猛药、出重拳的力度坚决予以整治。

---

① 习近平:《之江新语》,杭州:浙江人民出版社,2013 年版。

□ 1. 树立担当精神，增强干部的责任意识

有权必有责，不能只当官不履职、不负责。要通过严格管理，督促和监督干部正确履职、认真负责，否则就容易出现庸官、太平官。身为人民公仆的国家工作人员，必须坚持"在其位，谋其政"，要想方设法解决百姓的合理诉求。同时，要在第一时间褒扬敢于担当、踏实肯干的干部，鞭挞懒政的干部，只有分清优劣，让干好干坏不一样，干部队伍才有正气，人民群众才有信心，党和人民的事业才有希望。

□ 2. 加强干部管理，建立能上能下的用人机制

党的二十大报告强调，要形成能者上、优者奖、庸者下、劣者汰的良好局面。当前，部分领导干部对自身要求不严，在工作过程中常常存在畏难情绪，工作敷衍塞责，抱有只要不出事，宁愿不做事的心态，认为只要不存在违法违纪行为，就可以"稳坐铁交椅"，这严重阻碍了整体干部队伍的健康成长。[①] 只有形成能者上、庸者让、拙者下的用人导向，重用那些敢于负责、实绩突出、群众认可的干部，敢于果断调整那些政治能力不过硬，理想信念不坚定，不胜任、不适宜岗位要求的领导干部，坚持能上能下、优进劣汰，才能让工作平庸者有压力、坐不住、不再平庸，才能让干部队伍"活"起来。

□ 3. 加强依法问责，使庸官、懒官及时受到相应责罚

实行党政领导干部问责制，是增强干部责任意识、提高领导水平和工作能力的必然要求。十八大以来，党中央一再强调，有权必有责，用权受监督，违法要追究。各级政府应根据新形势下治庸治懒的要求，健全党政领导干部责任追究的法律制度体系，使权力既关在笼子里又运行在阳光下。通过严格执法，使法律制度规定成为基本准绳，使渎职犯罪者受到严惩，使有庸懒行为的干部引以为戒，真正做到权责一致、惩教结合，切实把惩处和防范、治标与治本有机结合起来，用好问责这把治庸治懒的利剑。

□ 4. 强化内外监督机制，使干部不敢懒、不敢庸

各级政府既要落实党委的主体责任和纪委的监督责任，对不作为的政府工作人员及时问责，并及时给予相应的惩戒，也要加强群众监督和媒体监督，让群众和媒体参与对政府部门履职能力的评价活动，实现民意与政府的良性互动。要把评判干部和其他公职人员的标准交给群众。干部干得好不好，群众心中有杆秤；干部能用不能用，应看群众认可不认可。只有让群众在干部考核评价选拔中说话，才能让庸官懒政无处遁形，让更多的干部以"一日无为、三日不安"的紧迫感谋事、干事、成事。

□ 5. 健全完善激励机制，激发干部积极作为

在对干部进行有效监督的基础上，各级政府要通过完善选人用人标准、完善考核办法，使履行管理责任和提升管理科学化水平成为干部考核的重要标准。要制定和落实赏罚分明的激励机制，通过职位晋升、提高物质待遇等措施，及时褒扬敢担当、能干事的干部，积极促进干部钻研业务，使他们不仅"为官有为"，而且"为官善为"，让安于现状的占位者"让位"，让碌碌无为的平庸者"下课"，使善为、能为者能够及时得到提拔重用。

---

① 郭俊奎：《不贪不占就不干，党员干部岂能如此混天度日》，人民网，http://opinion. people. com. cn/n/2014/0626/c1003-25205666. html，2014 年 6 月 26 日。

第三节 如何做一个优秀公务员

北宋史学家司马光说过，"才者，德之资也；德者，才之帅也"。这句话道出了德与才之间的辩证关系。他还分析了不同的人的德才素质，认为："才德全尽谓之圣人，才德兼亡谓之愚人，德胜才谓之君子，才胜德谓之小人。"事实上，古今中外的优秀人才，其德与才往往是统一的。对于一个领导干部或普通公务员来说也应如此。真正优秀的领导者和管理者，都具备高尚品德。

一、新时代优秀公务员的德行品质

一个公务员是否优秀，首先表现在他是否具有优秀的道德品质。这些优秀品质集中表现为公共精神、责任精神、服务精神、进取精神等方面。

（一）公共精神

公共精神也称"市民品德"，或称"正确的理解自利"，或称"政治形式的利他主义"。公共精神之所以是公务员所必须具备的一种精神态度和品格特征，是因为公共精神有利于集体行为中的合作问题的解决。"公共"是与"私人"或"个人"相对应的。古希腊的政治思想与治理实践中，"公共"与"个人"之间不存在分离，即个人的利益要通过公共集体来实现。只是自近代以来，受各种不同思想，尤其是近代启蒙思想的影响，"公共"与"私人"才分离开来，在两者的对峙之中，私人往往占上风。在努力尝试重新结合二者的过程中，一些人认为，满足了私人的利益也就自然且必然地满足了公共的利益。实际上，公共利益与私人利益也不是完全对立的。公共是相对于私人而言的，公共利益的存在是以维护与发展私人利益为前提的。公共利益、公共精神是对私人利益与自利精神的一种纠偏。

公共精神包含利他的成分，它表达了一种对他人和社会利益的包容与理解。公共精神是以人、我之间的无界为前提的。这是因为公共精神是一种政治性的品德，而非私人的品德。在传统的政体中，私人品德覆盖一切领域；而在现代民主政体中，公共的品德是一切私人品德的基础。孟德斯鸠将共和政体的品德界定为对法律和国家的爱，并认为这种爱"要求人们不断地把公共的利益置于个人利益之上；它是一切私人的品德的根源。私人的品德不过是以公共利益为重而已"[①]。今天，我们可以将公共精神视作一种超越个人的狭隘眼界之外的、超出个人直接功利计算的、对他人尤其是对公共利益的关怀，它是一种内心态度和价值观，体现为一种性格特征，是一种愿意以克制甚至舍弃自己的利益为代价的性情。

客观地说，公共精神是现代民主社会对所有公民提出的一种普遍的美德或精神态度的要求。成熟而健康的民主社会的建立与维持，依靠的不是少数圣贤人物的精英性美德，而是整个社会所有公民都遵守的一种至少是最低限度的道德，因此作为公民应具备的基本品德。公共精神对公务员来说非常重要，因为它是公共责任感的根本依托和现实

---

① 孟德斯鸠：《论法的精神（上）》，张雁深译，商务印书馆1961年版，第34页。

表现。对公务员个人来说,公共精神对其他品德起着指导性和方向性的作用,它奠定了公务员的道德人格的根基。公共精神同时体现了公务员的"公共人"特性,即实现公共利益是公务员运作一切公共体系、执行公共政策等公共管理活动中的作为与不作为,以及如何作为的基本目标与行进方向。

在公共行政实践中,公务员的公共精神是一种重视和尊重全体公民的权利和义务的倾向或性情,我们也可将之理解为以公民大众为依托和归宿的态度和价值取向。在具体的行政事务中,公务员的公共精神,使得他们能够将公众视作社会的主体和国家的主人。换言之,公共精神强调的是将对全体民众的忠诚放在首要地位,并将对特定部门或上级的忠诚置于次要位置。

当前,公共行政的公共性要求我们重新界定公共伦理关系,公务员需要有能力拓展自己对伦理关系的认识范围,以理解和包容更为广泛的公共利益,体会个人与人民之间在同一框架内共同治理的休戚与共感,并在错综复杂的背景下通过理性的思考和清晰的认识来维护并促进公共利益。而这些正是公共精神所要求的。

公共精神使公务员能够准确定位自己的角色。如果不具备公共精神及相应的心理态度,公务员就无法以满足公众的需求为己任。如果公务员将自己的岗位工作仅作为谋生的手段,以自身利益最大化为最终目的,那是一定无法胜任自己角色的。公共精神还会促使公务员进行批评性的思考,使他们能够经常以自己所从事的职业特殊性来提醒自己,保持对公共利益与公共精神的尊重。

■(二)责任精神

公务员在一定程度上都承担着组织、领导、决策、控制、沟通、协调等方面的职责,对组织及其内部成员、社会大众、国家等都负有重要的责任。因此,公务员必须具备强烈的责任感和责任精神。如果没有强烈的责任感和责任精神,任何人都不能胜任公共管理者这一角色。因此,公务员应具有积极负责、勇挑重担的责任精神,并把这种责任精神贯穿于自己的行政服务实践中。

当然,责任与权力是紧密联系在一起的,也就是说,职权是责任的限度。任何人要求职权,就要承担责任。责任与职权是对等的。但是,有了职权并不等于就能做好工作,就能很好地完成自己的任务与使命。要很好地行使职权、承担责任,还必须具有强烈的责任感,并借助这种责任感去推动自己履行职责。事实上,如果公务员以"责任重如泰山"的意识与担当精神,去实践自己的行政服务,处处以身作则、身先士卒,那公共行政效果就会好得多。也正是从这一角度来看,"责任心是领导人应具有的基本的、重要的品质"。[①]

■(三)服务精神

服务精神起源于管理学领域。20 世纪 50 年代以来,为适应现代管理实践的发展要求,企业界率先倡导的市场营销观念的核心就是服务精神。所谓市场营销观念,是指以消费者和社会大众为中心,满足消费者和社会大众的要求,重视整个社会的利益和长远

---

① 孙耀君:《西方管理学名著提要》,江西人民出版社 1995 年版,第 331 页。

利益,并对社会负责,提供优质服务的最新经营管理价值观。这种管理价值观,从伦理学意义上看,着眼于他人和社会的利益,包含着以他人和整体利益为重、对他人和社会负责、为他人和社会提供优质服务等基本要求,但其价值内核则是服务他人的道德要求。这种以社会大众利益为重的价值视角,使这种管理价值观对现代市场经济、日益丰富和多样的现代化生活具有高度的适应性。

现代社会是一个市场经济发达、民主政治日益健全、崇尚个性多元化的社会。这种社会重视人与人之间的交互性关系,是"一个人为别人存在着,而别人也为他存在着"的社会①。人与人之间的互利互惠关系是现代社会生活中人际关系的基本要素。即使"从事一种我只是在很少的情况下才能同别人直接交往的活动的时候,我也是社会的,因为我是作为人活动的。不仅我进行活动所需要的材料,甚至思想家借以进行活动的语言本身,都是作为社会的产物给予我的,而且我自身的存在也是社会的活动。因此,我用我自身所做出的东西,是我用我自身为社会做出的"②。这就是说,现代社会首先凸显的是每个人的服务精神。一个人要想在现代社会中生存与发展,首先必须确立服务他人的价值准则和伦理意识,否则,就将难以立足。

作为一种管理价值观,服务精神不仅是对广大组织成员的要求,更是对公务员的道德要求。一个组织要生存和发展,必须调动广大组织成员的工作积极性、主动性、创造性。没有组织成员的共同努力,管理者本事再大,也难有作为。在我国,全心全意为人民服务,是中国共产党和人民政府的宗旨,公务员应时刻以人民的利益为重,树立人民至上的信念,关心人民群众的利益,及时回应人民群众的真正需求,真正确立"领导就是服务""治理就是服务"的思想,真心实意地热爱并尊重人民群众。领导干部和公务员要严格要求自己,要从内心树立"管理就是为人服务"的观念,自觉接受广大人民群众的监督,并把这种观念切实地、真诚地贯穿到一切公共行政实践中。只有这样,行政组织成员及社会大众的积极性和创造性才能被调动起来,整个组织与社会才能充满生机与活力。

(四)进取精神

创新是经济发展与社会进步的灵魂。现代政府的管理是一种具备创新特性的管理方式。科技的迅猛发展、知识经济的繁荣等诸多因素导致现代政府管理者每天都会面临许多新的情况、新的问题,如果因循守旧、墨守成规,就无法应对新的挑战,更无法完成公共行政的使命与任务。因此,现代政府管理方式必须不断创新。首先管理者需要有进取精神。如果管理者不具备进取精神,任何创新都无法推进,因为进取精神是管理创新的内在的、深层的动力。

事实上,广大公职人员自身的发展、社会的进步,都是和人的进取精神分不开的。随着现代政府管理的科学化、系统化、民主化、法治化,现代政府管理已对管理者提出了越来越高的要求。如果领导干部和广大公务员选择不思进取、安于现状、得过且过,那么,他们就会被社会抛弃,被日新月异的新时代所淘汰。

---

① 马克思:《1844 年经济学—哲学手稿》,刘丕坤译,人民出版社 1979 年版,第 97 页。
② 马克思:《1844 年经济学—哲学手稿》,刘丕坤译,人民出版社 1979 年版,第 75 页。

二、新时代优秀公务员的基本要求

广大公务员是我国治国理政人才队伍的重要组成部分,是建设中国特色社会主义事业的中坚力量。当前正值我国全面建设社会主义现代化国家、向第二个百年奋斗目标进军的关键时期,公务员队伍更应不忘初心、牢记使命、担当作为、真抓实干,在新时代走好新的长征路、展现新作为。

(一)理想信念坚定,夯实理论基础

坚定理想信念,无论过去、现在还是将来,都是公务员保持先进性的精神动力。公务员若没有修好理想信念这一"内功",就容易急功近利、急于求成,甚至陷入"旁门左道",迷失自我、丧失底线。要始终保持高度的政治清醒和政治定力,坚定信念,对党忠诚,加强政治理论学习,善于在党史学习教育中汲取中国共产党人的精神谱系蕴含的珍贵"养分",做到信念不偏航,步伐不掉队,旗帜鲜明讲政治,听党话,跟党走,做到任何时刻"风雨不动安如山"。

(二)坚定人民至上,强化公仆意识

人民是历史的创造者,是决定党和国家前途命运的根本力量,公务员必须把人民放在心中最高位置,一切为了人民、一切依靠人民,为人民过上更加美好生活而矢志奋斗。首先,要清醒地认识到自己"不是人民的主人,而是人民的公仆"。要摆正自己的位置,把人民的满意度作为衡量工作好坏的标尺,以饱满的热情和积极主动的态度投入到行政服务中,让公仆意识融入血液、注入灵魂。其次,要始终站在人民群众的立场上,坚持从群众中来、到群众中去深入基层了解民意,体察民情,为民解困,精准知晓人民群众的合理需求,努力为人民群众办好事、办实事,兢兢业业为人民谋利益。最后,要充分发挥先锋模范作用。要立足本职,求真务实,躬身力行,为人民干实事干真事。要有强烈的责任意识,时时刻刻把人民放在心上,增强主动服务意识,无论大事小事,只要是群众的事,都是重要的事,发挥"俯首甘为孺子牛"的精神,做一名全心全意为人民服务的好公仆。

案例:"千方百计为群众排忧解难"
(人民满意的公务员)

(三)工作认真负责,主动担当作为

习近平总书记强调:"当干部就要有担当,有多大担当才能干多大事业,尽多大责任才会有多大成就。"公务员不仅是光荣的职业,更是一份责任、一种使命。广大公务员如何履行好担当的使命?首先,要切记空谈误国,实干兴邦。公务员要主动担当作为,把初心落在行动上、把使命扛在肩膀上,以"等不起"的紧迫感、"慢不得"的危机感和"坐不住"的责任感,以踏石留印、抓铁有痕的劲头,勇于担当、善于作为。其次,公职人员要把党的方针政策实实在在地贯彻落实下去,不打折扣地落实下去,要把各项决策部署都抓实抓细、落到实处,真刀真枪地完成每一项任务,不折不扣做好每一项工作,维护党在群众心

中的地位,努力践行党的群众路线,维护包括领导干部在内的广大公务员与人民群众的鱼水关系。

(四)坚持求真务实,抵制形式主义

求真务实,是一种科学精神,也是公务员应具备的优良传统与政治品格。求真务实是做好一切工作的重要法宝,是适应新形势、认识新事物、完成新任务的重要思想武器。新时代的公务员,一定要把求真务实渗透到血脉中,反对高谈阔论、形式主义,抵制华而不实、弄虚作假等不良风气。要迈开步子,到群众中去,了解基层群众的实际困难,从而围绕人民群众最现实、最关心、最直接的利益多办实事、多解难题。要坚持从实际出发,讲真话、报实情、办实事、求实效,形成以干成事论英雄、以解决实际问题论能力、以高质量发展项目和高水平制度创新论业绩的鲜明导向,在求真务实中体现工作作风、展示公务员形象、提升服务业绩。

(五)保持清正廉洁,自觉接受监督

一方面,公务员队伍是党和国家事业发展的重要依托,只有自身干净,一身正气,才能以上率下。另一方面,清正廉洁是公务员的底线要求,也是为官做人的重要原则。打铁还需自身硬,公务员要树立正确权力观,坚持为民用权、公正用权、依法用权、廉洁用权。为此,公务员要筑牢拒腐防变的思想防线,加强党风廉政建设,永葆清正廉洁的政治本色,永葆对党的忠诚之心,永葆共产党员的先进性、纯洁性,始终做到明大德、守公德、严私德。此外,无数事实证明,一个纪律意识再强的人,如果长期缺乏监督,也很可能越轨犯错。因此,公务员要敢于接受社会的监督,将犯错的苗头消灭在萌芽状态,避免小错变大错。这既是对人民负责,也是对自己负责。只有始终保持清正廉洁,才能在工作和生活的方方面面行得端、坐得正、站得稳,中国特色社会主义事业才能行稳致远。

本章复习题

1.简述公共伦理中优秀道德人格的主要内容。
2.简述公共伦理中平庸人格的表现及危害。
3.简述新时代优秀公务员的基本要求。

复习题参考答案

本章参考书目

1.乔治·弗雷德里克森:《公共行政的精神》,张成福译,中国人民大学出版社2003年版。

2.M. 阿普尔、L. 克丽斯蒂安-史密斯:《教科书政治学》,侯定凯等译,华东师范大学出版社2005年版。

3.罗伯特·B.登哈特:《公共组织理论(第五版)》,扶松茂、丁力译,中国人民大学出版社2011年版。

4.汉娜·阿伦特:《艾希曼在耶路撒冷》,安尼译,译林出版社2017年版。

5.孟德斯鸠:《论法的精神(上)》,张雁深译,商务印书馆1961年版。

6.马克思:《1844年经济学—哲学手稿》,刘丕坤译,人民出版社1979年版。

第九章
公共伦理中的忠诚与服从

——本章导言——

　　忠诚与服从是公共伦理中的重要内容。忠诚要求忠于党、忠于人民,服从是指服从上级、服从组织、服从党和人民的需要。这里所说的忠诚不是愚忠,而是对正义、合法性的尊崇;服从也不是盲从,而是基于理性审思后的心悦诚服。进入新时代,作为治国理政的重要承担者,广大公务员的忠诚与服从也必须主动适应新时代、新阶段的新要求,才能不负时代、不辱使命。

第一节　公共伦理中的忠诚

　　公共伦理要求公共行政人员对行政忠诚,这既是美德与道德在行政中的具体体现,也是行政工作人员对行政机关履职尽责的基本要求。

一、公共伦理中忠诚的理论渊源

　　在中国,忠诚一词由来已久,是中华传统文化中的重要组成部分。在中国传统文化中,"忠"与"诚"相互独立,自成一体。在现代化语境中,忠诚既赓续了古汉语的原意,又增添了具有时代色彩的新意,其内涵在不断丰富发展。

　　《说文解字》基于字形和字源视角,认为"忠"有崇敬之意,心从属之,即人应对寰宇周天及生灵万物常怀崇敬、虔诚和审慎的态度,并在实践中持之以恒地践履。孔子《论语》从三个维度阐释了"忠"的意涵。其一,规范了领导者和被领导者之间的关系。孔子提出君主应以礼差使臣子,臣子则应以忠心服侍君主。对应到行政体系之中,就是在体制内的上下级之间,上级应既有礼的规范,也要受到礼的约束,上级应体谅下级,获得下级发自内心的忠诚。其二,规范了普罗大众的行为举止。孔子曾有"居之无倦,行之以忠"的论断,意思是要在其位谋其政,要有强烈的岗位责任意识,忠于职守、爱岗勤勉、敬业奉献。在新时代,公务员需要立足现有岗位,热爱自己正在从事的事业,要鼓足干劲、只争朝夕。其三,规范了行为主体及其所处环境。孔子曾提及"居处恭,执事敬,与人忠",意思是人必须热爱自己的岗位,做到干一行爱一行,要立足岗位发光发热,不论身处何方,不论居于何种岗位,都应坚守敬忠的底色。

《说文解字》将"诚"解释为信,认为诚与信是互通的,可以并列连用,这也是"诚信"一词的来源。所谓诚,在本质上是指真心实意、言而有信、言真行切。孔子对言而有信推崇备至,把言语确凿、言行合一视作一个人安身立命的根本和最基础的道德准则,还将诚信纳入人性范畴进行阐释。《论语》从三个维度对"诚"进行了诠释。其一,从个体维度看,就是要言而有信,应践行"言必信,行必果"的基本准则,如果漫无边际地开空头支票,又难以兑现,这应算作一个人的耻辱。其二,就人与人之间的交往而言,应言而有信,入仕从政、为官任职都应至诚至信。换言之,一个人如果不诚信,就不能算得上一个真正的社会人,就不配与人交朋友,也就更不配管理国家事务。其三,从和谐社会构建来看,政府需要具有公信力,百姓才能遵纪、守法和重礼,才能创造良善的社会风气与日常习俗。概言之,诚实信用是作为社会主体的人安身立命、待人接物的根本。只有坚持诚信,个人才能在社会上立足,人生才会幸福,家庭才会和睦,社会才会和谐。

在我国的原典文化中,"忠"和"信"是被连在一起使用的,是为忠信。唐代以后,忠诚才被合在一起使用。在历时千余年的变迁中,忠诚已成为信仰、意志和规范的象征了。从文化维度审视,忠诚是作为社会主体的人安身立命、待人接物的道德基础,也是人们不懈追求的道德品质。无论是为人处世,还是建功立业,都必须严守忠诚的道德基线,持续涵养正气、求实铸魂。对于公务员而言,忠诚就是要忠诚于党、忠诚于人民,忠诚于自己的初心、忠诚于正在从事的事业,以忠诚谱写中国式现代化事业的新辉煌。

案例:中国传统
"八德"思想辨析——
忠信

传统公共伦理之所以倡导"忠诚",是为了调节国家、君主与人民三者在国家行政中的伦理关系。忠诚的原意是号召人们忠于国家、忠于人民、忠于公共性。对政府官员而言,传统的忠诚主要指向侍君与治民两个板块;在现代公共行政视域下,忠诚则体现的是对中央核心、政治权威、正义品质、公平规则的期许、认同与服从。

二、公共伦理中忠诚的维度辨析

(一)从道德品质维度出发

公共伦理中的忠诚同中华民族以爱国主义为核心的民族精神高度契合。爱国从本质上讲就是一种美德,是对道德品行作出肯定性评价的间接反映。因此,爱国就是要忠诚于党、国家和人民,这种忠诚属于无私忘我的博爱和顶天立地的美德。作为社会道德承载主体的社会公民个体,在社会生活中为实现人生价值而自觉遵守道德和公序良俗,进而形成的内在情感实质上就是道德情绪化的具体体现。

在公共伦理中,忠诚的构成要素十分丰富,既有义务和良心维度的感受,也有荣誉和幸福层面的体验,它们共同组成关于行政忠诚的情感"场域"。在此场域中,忠诚理念的生成经历了从"知"到"信"到"爱"再到"行"的逻辑顺序。具体而言,作为社会个体的公务员需要首先知道为什么要忠诚,并且要具备相关的理论知识。在知道和了解的基础上,公务员才能对党、国家和社会主义产生信任和自信,从而才能对党、国家和社会主义产生真挚的情感——爱,进而才能将对国家和民族的满腔热情转化为实际行动,愿意为之奋斗终生,这也就是真正意义上的忠诚。

(二)从义务维度审视

公共伦理中的"忠诚"要能够真正得以彰显,必须让相关的责任主体弄清楚两个"元问题"。

1.忠诚于谁?

从行政忠诚的内容来看,具有行政人员和人民公仆双重身份的公务员,其主要忠诚的对象包括党和人民。一般而言,党员公务员与各级党组织之间具有道德、规范和义务意义上的权属利益关系,这也就意味着具有党员身份的公务员需要自觉履行党员应尽义务,必须无条件服从党组织合法合规的权威领导,必须对各级党组织及全体人民彻底地、自愿地、纯粹地忠诚。不管是党员公务员,还是非党员公务员,一切公职人员都应效忠国家和人民。

2.行政忠诚的后果是什么?

从哲学层面看,一种具有正当合法性的行为可以没有德性,换言之,德性并非正当性的必要条件;但如若某种行为具备了德性,则可以将其视为源自心灵的正当状态。[①]因此,从哲学意义上讲,行政忠诚具有德性的特质,这是公务人员在道德层面彰显初心使命的重要体现。由此所激发的"仁爱"能够体现人格尊严,能够凸显人际交往中的人道原则。此外,就本质的外化具象而言,公共伦理中的忠诚体现为对党、国家和人民的由衷热爱,对组织或集体的无私关心,对事业或工作的恪尽职守,对家庭和自己的至诚至爱。这种"爱"的践行,也会引起上级领导和组织部门对公务员个人的关注与重视,让公务员能够得到更多的发展机会或空间。

第二节 公共伦理中的服从

将服从放在公共伦理的范畴进行探讨,有助于从理论的角度全面系统地廓清服从的意涵和特征,辨识服从的类型和服从的对象,进而弄清楚公共伦理中行政服从的综合价值和意蕴指向。

一、公共伦理中服从的含义与特征

所谓服从,是指个体或群体严格遵守他人的意愿、社会要求或者群体性规范,并在思想认识上或实践活动中表现出的与之一致的行为。《辞海》从听从或遵照的维度出发,将服从理解为人与人之间存在着的一种主从关系,有跟随、追随并且听从、顺从之意。我国传统文化中倡导的"三纲五常""三从四德",现代政党政治和国家治理中遵循的诸如"少数服从多数""个人服从组织、下级服从上级""全党服从中央"等原则,体现的就是听从、

---

① 高国希:《道德哲学》,复旦大学出版社 2005 年版,第 25 页。

遵从。在西方话语体系中,"服从"的意思通常用"obey"等词来表达,更多体现的是因屈服而顺从,带有屈服于某种意志的意蕴。

进一步讲,公共伦理中服从的含义至少包含四个维度。一是行政服从的对象性与时空性。服从通常发生在特定的情境中,并且具有明确的对象。在不同阶段,服从的对象各有不同,即便面对的是同一对象,在不同时期,服从的性质也是动态变化的。二是行政服从有主动和被动之别。一般而言,对某种行政权威发自内心的、自觉的、积极的认同通常被认定为主动服从;相反,对某些行政权威的认同是囿于外在压力的强制的、不自觉的、消极的认同,则被定义为被动认同。三是行政服从的合乎规律性。在特定的社会生产关系中,行政权威的性质各不相同,比如在资本主义制度下的生产关系和社会主义制度下的生产关系中,政府所展示的行政权威就具有显著差异性。也就是说对权威的服从必须尊重生产关系中蕴含的客观规律。四是行政服从需要实现的载体,即服从不是仅停留在意识或认知中,而是需要通过语言表达或实际行动来体现。

二、公共伦理中服从的类型与对象

在准确理解行政服从的内涵的基础上,深入探讨行政服从的类型、服从的对象,是全面系统把握公共伦理中服从的逻辑起点。服从的类型多种多样,我们可以从对象、意愿、方式和程度等方面对其进行划分。

(一)公共伦理中服从的类型划分

从对象维度看,服从通常是指作为独立个体的公民对父母、师长的服从,作为集体成员的公民对村社、组队、团体和单位的服从,作为社会成员的公民对法律法规、制度规范、公序良俗的服从。这对作为行政主体的国家机关及其工作人员、作为行政对象的公民个体及行政利益相关者而言,同样适用,这种服从也会因对象不同而呈现出不同的形式。

从意愿维度看,行政服从有积极和消极之别。积极的行政服从,是一种源自作为行政主体的国家机关及其工作人员、作为行政对象的公民个体及行政利益相关者内心的诚服,如对合乎法理和情理的行政规制、对德高望重的上级或师长、对学识渊博或品德高尚的先进者、对行政意志自由的心悦诚服。可见,积极的行政服从源于对行政客体高度的价值认同,是一种基于理性精神审思的结果反馈;或者源于行政主体对行政客体的充分信任。相较建立在价值认同之上的行政服从,建立在信任之上的行政服从通常具有主观情感色彩,缺乏理性审思,且具盲目性特征。消极的行政服从,则是作为行政主体的国家机关及其工作人员、作为行政对象的公民个体及行政利益相关者因为受到来自外界的高强度压力而不得不服从,比如为了规避承担行政责任或者躲避规制性惩罚,而不得已地服从。在消极行政服从中,服从主体的服从行为通常不是出于内心的意愿,如行政权威或者组织的要求同行政个体的意愿存在较大的分歧,但行政个体迫于行政制度或道德压力不得不选择服从。通常情况下,消极服从意味着社会主体明知遭遇到了非正义的要求或有失公正的权威,但不得不接受。从本质上讲,这种服从"同我服从一个野兽一样,野兽可以在我的判断和意向促使我向南走的时候,强迫我向北跑"[①]。

从方式维度看,有强制服从和自愿服从两种类别。在行政过程中,一方将意志强行施加于另一方,并且强迫另一方服从,这种强迫或压制对方服从的形式就是强制服从。当然,在此过程中如果接受方发生了思想转变,开始自觉从思想上认同了强加的意志,就变成了自愿服从。在道德层面,强制服从和自愿服从各有利弊,不能简单说哪一种更好或更坏。通常来讲,强制服从和自愿服从是相互交织的。

从程度维度看,则有完全服从和部分服从之分。所谓完全服从,是指不折不扣地严格遵循服从对象所提的所有要求。之所以会完全服从,可以从三个层面解读。其一,一些服从主体在充分认识和理性审思的基础上,对服从客体产生了高度的价值认同,服从客体的公正性能够使服从主体心悦诚服,这种合乎价值性的服从是理想的状态,如宪法和法律关于公民权利和义务的规定。其二,一些服从客体运用强硬的惩罚机制、制裁方式或追责手段,以强硬的姿态迫使服从主体严格遵守,不能有丝毫的越矩,如刑法对犯罪的规定。其三,一些服从主体不具备自主思维能力,容易盲目地随大流,进而无条件地服从,如法律对丧失行为能力人的相关规定。部分服从指服从主体对服从客体所提出的服从要求选择性地遵循。原因是服从主体认为服从客体所提出的服从要求只有部分是公正合理的,于是在认知和实践层面只服从自认为合理的部分。在行政与法治框架下,我们设定了一个前提,即全体公民都认同整个社会制度,但其中有部分公民认为少数制度规范的相关条款缺乏合理性,甚至有失正义性,所以会持异议且拒绝服从。除此之外,也可能是由于服从客体的权威性不足和强制性举措不力,或者服从主体的认知能力偏低、道德自觉性欠缺等。

(二)公共伦理中服从的实质指向

服从的主体包括服从者和被服从者,即社会主体及其服从的客体是服从关系的构成要素,各要素之间是辩证统一的关系。服从的客体是相应社会权威的代表,是由社会主导力量所推动的。恩格斯在探讨权威时明确强调"这里所说的权威,是指把别人的意志强加于我们;另一方面,权威又是以服从为前提的"[②],这表明权威需要通过服从才能彰显。从唯物史观视角来看,权威是指社会主体在行动上服从,并在价值上认同的某种意志。权威会受到生产力发展水平、生产关系状态和社会关系性质的影响。权威的呈现,既表现为国家公权对社会公民个体的控制力和影响力,也涉及经济水平、文化氛围、科学技术对社会成员的影响力。从这个层面看,权威不仅有政治权威和行政权威,还有经济权威和科技权威。在公共行政中,服从主体对服从客体的服从本质上是对权威的诚服或屈从。

关于权威的类型,理论界分别依据不同的标准进行了划分。马克思主义经典作家依据权威的社会性和政治性特质,将权威划分为社会性权威和政治性权威。所谓社会性权

---

① 威廉·葛德文:《政治正义论》,商务印书馆1982年版,第712页。
② 中共中央马克思恩格斯列宁斯大林著作编译局:《马克思恩格斯选集(第三卷)》,人民出版社1995版,第224页。

威是指社会组织在社会再生产中的生产、分配、交换和消费环节中履行管理指挥、协调组织等职能时拥有的支配他人的综合能力。恩格斯曾以大海航行、生产合作和社会组织活动为例论证了权威存在的必要性及其具体呈现形态。从另一个角度来看,社会性权威的形成与展现通常和知识相关联,某个专业领域内的权威人士,通常在此领域内拥有扎实的专业积淀和独到的专业见解。总之,对应到公共伦理中,对社会性权威的服从是国家治理体系和治理能力现代化的重要因素。

关于政治性权威,所处的历史发展阶段不同,其内在性质、类型分布和基本表征也具有较大差异性。比如,在具有阶级对立的社会形态中,政治性权威主要体现为国家机器在履行阶级统治时所采取的政治手段,是国家公检法等暴力机关运用暴力手段来强迫他人无条件服从的能力。而在现代民主社会中,尤其是在快速推进治理现代化和实施全过程人民民主的过程中,政治性权威更多地体现为社会公众对国家公权力的发自内心的自觉认同,即愿意心悦诚服地主动遵循与服从。

西方著名思想家马克斯·韦伯依据权威的内在属性和基本特质,将权威分为传统型、魅力型、法理型。其中,法理型权威的建立,是以公众对执政集团充分信任为基础的,尤其是对其所制定的章程、规则、制度及下达的政策指令的高度信任,法理型权威具有合法性、合规性与合理性。传统型权威,是基于对传统的神圣性的信任,进而转向对传统执政集团具有的权威的合法性的认同。魅力型权威,是一种因为某个体具有不同寻常的能力和吸引力,人们愿意遵从由他(她)主导或创建的制度,比如民族英雄、标兵榜样等。

以生产力水平的演进阶段为依据,权威又包括自然力权威和制度性权威两类。所谓自然力权威,是指将自然界作为崇拜、依附和服从的对象。这种权威主要存在于人类对自然奥秘的探索、对自然规律的认识尚较粗浅的阶段。随着社会的发展,对自然的遵从逐渐转变为对人的遵从,体现为一种人身依附关系,本质上是出于社会底层的人由于能力不足而对处于社会中上层且拥有生产资料的人士的依附或服从。进入现代社会,服从演变为对制度性权威的崇敬,制度性权威实质上代表的是社会共同意志,体现了作为社会主体的人对于构建现代民主社会的共同期许,以及在此基础上对与之相匹配的基于经济、政治和文化的规范的服从。[①]

■ 三、公共伦理中服从的价值与意蕴

作为国家行政机关的政府部门的权力来源于人民。人们愿意选择订立契约把一部分权力让渡出来并转换为公共权力,目的是更好地保护自己的合法权益不受侵犯,让生活更加美好。在社会运作过程中,为了更好地约束和规范权力,社会契约在实践中逐渐发展并转化成具体的制度形式。而社会制度的正常运行,很大程度上取决于社会全体公民的自觉服从和全力维护。

公民大众自觉服从具有正义性的社会制度,也有利于保护自己的合法权利不被侵犯。相反,假如全体公民都漠视社会制度,那么就会致使社会陷入无序混乱,个人权益相应也就难以得到有效保障。总之,全体公民自觉服从法律制度是维护、保障和实现人民

---

① 李松玉:《社会权威主导形式历史演变的阶段性分析》,《理论学刊》,2003 年第 2 期,第 33-36 页。

根本利益的有效途径。为此,必须积极调动人民群众维护自身利益的能动性,人民群众的切身利益才能够得以真正维护与保障。

■（一）公共伦理中的服从有益于维护公民的基本权益

公民自觉的行政服从有利于维护自身利益。制度权威是由自由、平等的社会主体之间的契约转化而来的。作为社会主体的人民群众对制度权威的服从,不仅不会损害个人利益,还能促进个人利益的较大化。这是因为制度权威是以维护全体社会公民的合法利益和公共利益的最大化为目标导向的。从这个角度来看,公民对社会制度的服从,仅仅只是削减了个人意识中的非理性部分,为的是确保整个社会有序运行。这种为维护大多数社会成员的共同利益而对个体的非理性思想、不正当利益进行适当抑制的做法,是以确保个体合理合法利益不被违背侵害为前提的。因此,社会公民个体对国家行政的服从,并非否定个人利益的实现,相反,是为了确保个人利益在现实中最大限度地实现。

引导社会公民个体自觉服从国家行政制度权威,不仅能使公民个体意识在不违背大多数人利益的情况下趋于理性,还能够使其在符合社会秩序的情境中得以充分表达,有利于促进公民的自我价值在遵循契约体系的框架中得到彰显。这样一来,既能够有效维护公民的利益,又合乎公共性。换言之,也就是个体利益的合理性同社会整体利益的正当性之间并行不悖,二者之间的关系是相互促进、相得益彰的。

在行政过程中,服从对于作为社会主体的公民个体养成并强化公平意识具有重要意义。这是因为,在社会化进程中,强调行政服从,有利于社会主体之间形成平等的社会关系。从本质上看,地位平等的社会公民之间达成的契约是正义的社会制度得以构建的基础。因此,社会公民个体对正义制度的服从,就是在思想与实践中,将其他社会公民个体当作平等社会主体来审视与对待的体现。在这一过程中,社会公民不仅不会因自我的存在而干预、妨碍甚至阻滞他人利益的实现,反而会在确认其他社会主体权益合理性、合法性和正当性的前提下,积极帮助其他社会主体获得公平的、法定的发展机会。

■（二）公共伦理中的服从有益于维护社会公共利益

在健康有序运行的社会中,只有社会的整体利益能够被有效维护,匡正社会运行方向的社会制度也良性井然,社会公民合法的个人利益才能够得到有效保障。相反,如果社会整体利益难以为继,社会制度失去公信力,那么作为社会成员的公民的个体利益就难以维护。社会公民通过认同和遵守社会制度维护公共利益。确保公共利益的实现是维护全体社会公民合法利益的基础,维护个体利益就能保障公共利益;维护公共利益,就能在一定程度上实现个体利益,二者对立统一、相互依存。

社会公民的行政服从是彰显社会公平公正的长效机制。在公共行政中,公民基于对法律、制度、政策与规范的理性审思和价值认同而决定是否自觉服从,理性审思和价值认同的标准通常与人类社会普遍倡导的自由、平等、公平和善良紧密关联。深入探究公民服从的内涵意蕴可知,公民自觉的行政服从绝对不是随波逐流的盲从,而是经过理性审思之后对制度性权威的诚服,实质上是对基于平等的社会契约的自觉践履。相应地,社会公民既可以在主观层面否定特权观、质疑等级论、批判血统论和抵制门第思想,也可以审思所服从的法律、制度、政策和机制的正义性,进而以问题为导向实现社会公民个体之间的自由平等,在更大范围内推动社会实现公平正义。

社会公民的行政服从是促进团结的重要途径。社会公民在主观上自愿服从国家政策和社会制度,在实践中就会自觉参与社会实践活动,并主动发表对社会制度的各种意见和建议,这有助于打破沉寂的社会氛围,有益于构建积极、向上的社会新风尚,激发社会活力与创造性。社会公众之所以会自觉服从,是基于对服从对象的充分认识与了解。社会公民要深刻洞悉服从对象的属性、特质与意蕴,不仅在形式上"知其然",更在逻辑上"知其所以然",在思路认知层面真正搞懂弄通,才能在实践中把外在的服从要求转化为内在的服从自觉,无需外在的、具有强制性的政策法规,就能积极主动地服从。进一步看,作为社会主体的公民在参与行政事务或社会治理的相关实践活动的过程中,因了解社会制度而产生的自觉认同,能够正向推动政府机关、人民群众和社会群体之间达成统一共识,这种共识有利于把分散的意见凝聚为集体意志并形成合力,既能体现公民个体在社会中的主人翁地位,也能够增进公民对社会制度的认同,提高社会凝聚力,还有利于激发调动公民群体的积极性、能动性与创造性,调动大家集思广益、群策群力,共同致力于实现既定奋斗目标。相反,如果是打压民意、独断专制而使公民不得不随波逐流地盲目服从,公民的积极性、能动性、创造性必然会受到压制、削减与磨灭,不仅不利于社会稳定,甚至可能导致社会动荡。

社会公民的行政服从是维护社会秩序的基本前提。在国家治理和政府行政过程中,但凡是通过国家机器的强权暴力方式使民众不得不屈服的情形,都只能获得短暂的安定有序,常态、长久的稳定团结必须建立在公民自愿服从的基础之上。政府需要构建多元、通畅的诉求表达机制,让公民能够畅所欲言和各抒己见,通过民主协商的对话机制和有效的利益沟通将多元利益主体的意见、建议与诉求,全方位融入行政决策之中,打消社会主体不必要的疑虑、化解认知误区、清除不确定性,才能从根本上确保和促进社会稳定与秩序井然。综合而言,社会主体对权威制度的诚服是建立在对其充分的认识了解的基础之上的,这样才能让社会公民自觉认同并遵守具有契约关系底色的社会秩序,从而维护社会稳定和促进社会治理现代化。

(三)公共伦理中的服从有益于监督规范公共权力行使

公民的行政服从有利于政府及其工作人员强化责任心和服务能力,预防公权力官僚化。在国家治理中呈现出的官僚主义现象,以及懈怠、懒政的行径会间接损害社会公民权益。这体现在,行政主体手握权力,但不愿履职尽责,消极不作为。国家公权力源自人民的让渡,公共权力的正当性与合理性是建立在公民自觉认同基础上的。政府作为行使公共权力的载体,如果不能尽职履行为社会主体服务的责任,不能按照法定契约来规范行政事务和社会治理诸环节,就会因为缺乏公信力而失去民众支持。在这种情况下,作为社会主体的公民就可以行动起来,通过发挥能动性维护自身合法权益,比如联名建议裁撤懈怠公职人员,集体监督公权力执行。

公民的行政服从可以规范公权力运作、增强公益性以预防公权私用与权力寻租。国家公权力天然地具有强制性和扩张性等特征。正因如此,权力就有了被滥用寻租的潜在可能性,尤其是在运用国家公权力进行社会治理和事务管理的过程中。公权力一旦被滥用,既会损害公民权益,也会削弱政治合法性。针对这种情况,只有确保社会公民的合法权利在行政服从中得以切实体现,才可能有效制衡执掌公权的行政机关与公职人员,划定好公权力的边界与权限范围,设置好服务公共利益的目标导向,确保国家公权力接受监督、政府机关公开透明、政府公职人员清廉自律。如若不然,社会公民就会采取抗议等方式来要求罢免部分领导干部、收回人民让渡的部分权力甚至提出更换政府班子等要求。不难发现,在政府机关的权力优化调适过程中,公民大众的行政服从能够起到有效制衡作用,相当于设置了防止公权私用、职权滥用的防火墙,有利于国家行政公权朝着规范化与现代化的方向发展。

公民的行政服从有利于协调公权与私权的关系,框定公权力的适用范围。从本质上讲,国家权力属于公共权力,是社会公众为满足生活需要和实现美好的愿景而让渡的部分私权的集合。社会公众让渡并形成的公共权力是有边界的,公民自己所保留的私权仍然归属于公民个人,是神圣不可侵犯的。政府及其工作人员在践履行政职责过程中,必须把握好国家公权与公民私权之间的边界,不得越权侵犯社会公民固有的权益,否则就会打破个体与集体之间的和谐状态,这与制度性权威的正义要求相悖。公民服从实质上是作为社会主体的公民对具有正义性的制度权威的自觉诚服,假如政府机关、公职人员在行政过程中出现了背离正义制度要求的情形,让渡权力的公民就可以集体要求政府及其工作人员严守制度正义的底线与标准,要求将其所有的行政活动都限定在公权范围之内。

公民的行政服从还有益于决策纠偏,是保障公共利益的重要机制。公民行政服从的过程,实质上也是行政参与的过程。公民个体有权对自己所服从的制度发表看法、表达诉求、提出希望,在沟通协商中得出最大的"公约数"。我国公民行政服从的参与性特征体现在全过程人民民主的决策之中。在国家政治生活中,将全过程人民民主融入决策,意味着在决策动议、商讨、制定、成形、执行和监督等各环节中都需要广泛征求社会各界意见。只有这样,才能依据充分的信息作出科学合理的决策,才能有效规避因为信息遮蔽或信息不对称导致的局限性与随意性,才能将决策失误的概率降到最低点。

■ 第三节　新时代公务员的忠诚与服从

作为治国理政的中坚力量,各级公务员肩负着确保行政机制良性运转和履行公共事务管理职责的重担,是彰显"以人民为中心"的价值取向的重要抓手。进入全面现代化新征程的新时代,锻造一支让党放心、让人民满意的公务员队伍,始终自觉忠于国家、忠于人民,始终积极恪尽职守、坚持公正廉洁,才能不负时代与历史所托。

案例:树立公仆形象
弘扬时代精神——
全国"最美公务员"速写

■ 一、新时代公务员忠诚的内涵意蕴

在理论上廓清公务员忠诚的内涵,是辨识问题和提振公务员忠诚度的逻辑起点。公务员的忠诚不是盲目的,而是有鲜明指向的。

■ (一)新时代公务员忠诚的基本内涵

《中华人民共和国公务员法》明确规定,公务员必须严格遵守宪法和法律,履行职责必须尽心尽力,必须严格忠于职守等。这些规定均指向公务员应当践行的忠诚义务。对公务员而言,忠诚是一种具有浓厚伦理色彩的道德映射,反映的是公务员的自我约束和管制能力,是依靠舆论监督、行政路径惯性和心理自觉等来维系的自律性和自觉性。

《中国共产党章程》《中国共产党党员领导干部廉洁从政若干准则》等党内规定中也明确指出,国家公务人员应该忠于党、忠于人民。作为人民公仆的公务员,其第一身份是履行义务的主体,而后才是行使权利的主体。换言之,公务员必须首先履行国家或法律规定的义务,才有资格作为公职人员行使公权力。在此过程中,公务员必须尽职尽责,将精力、才能和智慧毫无保留地贡献给国家与人民。从法律维度审视,公务员所践履的忠诚是隶属社会制度范畴的,是一种需要法律匡正、维护和限定才能奏效的制度性忠诚。从法律维度讲,国家公务人员在践履忠诚义务之时应有自觉和自律性,还要体现认同性与他律性。在现实中,有部分公务人员忠诚义务意识淡薄、对忠诚的履行不到位,一度出现了对上级领导,尤其是上级一把手盲目忠诚的情形,更有甚者为了讨好上级领导,不惜损害公共利益与其他人的利益。这种做法表面上看是忠于组织、服从上级,实质上是对公务员职业道德和职业操守的违背与亵渎。

作为公职人员,忠诚是公务员的基本职业操守与道德素养。公务员的忠诚是政府为社会公众提供高效便捷服务的职业伦理基础。忠诚的构成要素是多元且相互联系的。界定忠诚的内涵,通常要立足法律,也就是循沿宪法、行政法等法律规范框定的现代国家同公职人员之间的契约关系,对公务员在行政服务中的忠诚进行阐释。如:忠诚中的敬业,既是各行业的基本操守,更是公务员专注本职工作并精益求精的态度,这与公务员的公共身份属性相适应;忠诚中的廉洁,是指公务员及其直系亲属不得经商或参与营利性组织,因为公务员的薪资酬劳来自国家财政;忠诚中的服从,是指公务员对组织和上级的理性的服从,而非盲从;忠诚中的责任,是指国家公务员在执行行政命令时必须端正态度、认真积极,无论何时何地都要体现"身份"与"契约"双重责任有机结合。在全面开启社会主义现代化国家新征程中,强化国家公务人员的忠诚度是非常重要且必要的。

■ (二)公务员忠诚的指向对象

一般而言,公职人员应忠于祖国、忠于人民。这种表述还不够具体。进入新时代和新的历史阶段,我们肩负建设现代化强国和中华民族伟大复兴的神圣使命,作为中坚骨干的公务员,必须弄清楚忠诚的具体对象或忠诚的具体内容。

□ 1. 要对宪法忠诚

各级各类公务员首先要忠于宪法。作为根本大法的宪法,是我国治国安邦的总章程。因此,对宪法的忠诚,不是停留在字面或流于形式的忠诚,而是应落实到具体的公共行政实践中,坚定不移地遵循宪法,坚决做到依宪行政。

□ 2. 要对法律忠诚

各级各类公务员应根据法律的相关要求,尽心尽力履行职责、承担义务,必须严格遵循法定程序,坚持原则性与灵活性相统一,心中要有权力清单,坚持做好"法律许可的事情",坚决做到"法无授权不可为",依法行政,对法律忠诚。

视频:第十个
国家宪法日丨
《宣誓》感受
信仰的力量

□ 3. 要对上级忠诚

我国法律明文规定,公务人员必须服从上级依法作出的决定或命令,但这种服从绝对不是盲目服从,而是经过理性审思、甄别研判后所得出的结论。如果公务员在接受指令或执行命令的过程中,发现上级的决策、指令或命令是错误的,则有权利也有义务及时向上级提出,并申请予以纠正或者撤销作废。如果上级不仅置若罔闻、视而不见,反而强迫公务员执行,由此造成的不良后果则应由上级全面承担。

总之,公务员是兼具公法勤务和忠诚关系的集合体,这不仅在传统的文官制度之中有相关规定,现代的宪法和法律体系也明确界定了公务员的勤务与忠诚义务。在社会主义中国,坚持党的领导与依法治国是有机统一的;对党的忠诚就是对法律与人民的忠诚。

■ 二、廓清新时代公务员服从的对象

所谓服从,是指个体或群体严格遵守他人意志、社会要求或群体性规范,并在思想认识上或实践活动中表现出的与之一致的行为。对公务员而言,尤其是新时代的公务员,必须弄清楚行政服从的对象是什么。

■ (一)服从对象之一:经过理性思辨后的上级决策或指令

理解上级的决策或指令,首先需要明确上级的范畴。所谓上级,通常指的是相同系统或者相同组织中级别、地位较高的机关部门或领导干部。[①]具体而言,上级又有直接上级和间接上级之分。其中,直接上级通常是垂直管理机构或分管领导,间接上级则是除了直接上级之外的能够行使领导、决策或监督职能的上级机关或领导干部。

从行政运行机制看,公务员之间存在着明确的行政职级差异,上级的决策或指令、下级的请示或报告,都是通过相应固定的机制进行上传下达的,上级向下级发指令,下级向上级请示。此处的"上级",不能简单地从字面上看,认为只是身份或职级较高的官员,而必须将其置于行政系统的权利义务话语体系中加以解读,也要将享有指挥权、监督权的层级纳入其中。

进一步看,上级的决策或命令是上级意志的具体体现,在特定范围和范畴内具有行政效力,且有一般性与特殊性之分。一般性命令常见于书面文件,例如政府文件或部门决策就是具有代表性的一般性命令;特殊性指令是以口头形式传达的,具体体现为行政主官或部门负责人对一些具体事务所作的口头要求或者安排指示。[②]这是因为上级的决策或指示并非正式文件,某些情形下是不适合以书面形式呈现的,仅需口头下达即可。

① 喻少如:《论公务员对违法决定或命令的相对不服从——对〈公务员法〉第 54 条的立法解读》,《湖北社会科学》,2007 年第 5 期,第 148-150 页。

② 余跃进:《论公务员"服从命令"与依法行政双重义务冲突的解决路径》,《北京大学学报(哲学社会科学版)》,2003 年第 6 期,第 71-74 页。

通常而言,上级所发布的人事任免公告、作出的具体事务安排、进行的职务分工调整等就是行政决定或行政命令。在政务实践中,行政命令的运作通常是以上级口头指示、作批示或写条子责成委任等方式实现的。

■（二）服从对象之二：合理合法合规的行政决定或行政命令

公务员的行政服从不是盲目地听从或者随波逐流,而应以依法行政为前提。换言之,依法行政是公务员选择践履服从义务的合法性要素,这是因为,依法治国和法治现代化是推进国家治理体系和治理能力现代化的重要组成部分。公权力源于公民个人权力的让渡,而行政权限则源于宪法和行政法的相关规定,从本质上讲,就是公民的授予与委托。因此,行政权必须在法律法规的范围内运转,任何时候不得超越法律所明确划定的界限,法律没规定的也不能够越矩。①

进一步讲,从服从逻辑的优先顺序看,公务员应首先服从于宪法和法律的规定,如果上级或领导所做决策或者所下指令与法律法规相悖,那么公务员有权质疑其合法性并可以拒不执行。公务员质疑上级或领导所做指令的合法性,主要包括以下几个方面。其一,下达指令的领导是否具有相应的领导或监督权限;其二,上级决策或命令的执行事项是否在公务员的职务权限和职责义务范围内;其三,上级组织或领导干部所下达的指令在程序和形式上是否合法合规;其四,上级组织或领导干部所做的决策或所下的指令是否出于公心,是否具有与法律法规明显抵触的情形。②

前述诸要件均以上级组织或领导干部的决策或命令的合法性与合规性为根本前提。从逻辑上讲,上级组织或领导干部的职权是法律赋予的,而职权要与职务相对应。职务、身份和权限通常是重叠的。一般而言,只有担任某种职务才具有某种身份,也才享有相应职权。此外,上级或领导所下达的命令或指示也需与作为任务接受者的下级公务员的职务相对应,这种相关性体现在内容本身、必要限度及执行条件等诸多因素中。同时,判断上级命令或决定是否合法合规,不仅需要审视上级领导的职务身份和内容构成,还需要看其所下命令或所做决定的形式是否合规,即是不是以公文函件形式呈现。此外,要审思上级或领导作出的决策或下达的命令是出于什么动机,即是出于公心为民谋利,还是出于私心为己谋好处。

■（三）服从对象之三：遵循法律,服从义务

《中华人民共和国公务员法》明确规定了公务员所享有的权利和所应承担的义务。各级各类公务员所应享有的权利和应承担的义务都是由法律明确限定的,遵循的是制度化逻辑。法律法规具有较强的原则性,对复杂多变的社会事务不可能做到全覆盖。为了有效应对各种不确定性突发问题,需要在法律之外认定某些特定层级的政府机关所作的决定或所下的指令具有法律效力。另外,行政机关在处理具体事务中所采取的手段、方式或举措即便是合法合规的,也不能完全等同于法律法规,这就需要公务员在服从上级

---

①　刘松山:《论公务员对违法命令的不服从》,《法商研究》,2002 年第 4 期,第 45-53 页。
②　郑雅方、满艺姗:《行政法双阶理论的发展与适用》,《苏州大学学报（哲学社会科学版）》,2019 年第 2 期,第 71-78 页。

指示过程中能动地弥合行政举措同法律法规之间的间隙。换言之,当公务员面对行政法律法规和上级指令出现了相互矛盾的情形,并且需要进行抉择之时,就要依据行政服从的优先序,优先服从行政法律法规。

东西南北中,党是领导一切的。在社会主义中国,坚持依法治国与坚持党的领导是高度统一的。服从党的领导与服从法律法规也是高度统一的。

■ 三、新时代公务员应更加忠诚和自觉服从

进入新时代,在百年未有之大变局和现代化建设新征程的背景下,作为行政主体和人民公仆的公务员,其忠诚和服从也受到多方面因素的影响。公务员必须坚持以问题为导向,强化在行政中的忠诚程度与服从自觉性。

■ (一)新时代公务员忠诚的影响因素及应对

进入新时代,随着社会主要矛盾转化和现代化新征程开启,影响公务员忠诚的因素也在发生变化。公务员忠诚度的影响因素有主观与客观之分。应结合动态变化的特质,予以针对性纠正。

□ 1. 公务员忠诚的影响因素

(1)从主观方面来看,影响公务员忠诚的因素是多元化的。

其一,"利己性"会驱使人们追名逐利,这是由人的本质属性决定的,通常不以人的意志为转移。市场经济条件下,公务员对公共价值观的忠诚也受到了前所未有的挑战。其二,日趋弱化的"道德感"对公务员的规范和塑造力度不足。约束公务员的思想行为,需要道德舆论软约束和制度规范硬约束共同作用,缺一不可。道德感在公共行政中的削弱,势必会削减公务员的忠诚意识。其三,价值观的"扭曲化",会助长不良社会风气。公务人员如果受到享乐主义、官本主义和"有权不用,过期作废"等扭曲价值观影响,也有可能背弃行政的价值观。其四,一些公务员心中存有侥幸。一些公务人员因无法抗拒各种名利诱惑,千方百计妄图钻制度的空子,逃避责任与义务。

(2)从客观方面来看,影响公务员忠诚的因素也是多方面的。

其一,现实名利诱惑。古人有云:熙熙攘攘,名来利往。在日益繁荣的市场经济下,名利场的诱惑,会对公务员的忠诚度带来挑战。其二,制度不健全。忠诚在本质上是道德素养的具体体现,一方面取决于公务员的综合素质涵养,另一方面也和制度设计以及系统健全程度有关,碎片化、散射状、条块式的行政监督问责制度,必然会助长公务员的不正之风。① 其三,不良的榜样。在公共行政活动中,如果出现了对组织或对人民不忠诚的现象,为确保公平,要依法依规对其进行严肃处理,否则就会有公务员选择与其同流合污,这种不好的引领示范效应会削弱公务员的忠诚意识。其四,惩罚失当和容错纵错。在公共行政中,如果对公务员的不忠行径的惩处力度小于其本应受罚的预期,就相当于在变相纵容这种不良行径,也会助长不忠之风。

---

① 石书伟:《行政监督原论》,社会科学文献出版社 2011 年版,第 346 页。

□ 2. 公务员忠诚的影响应对措施

当前,中国已经开启全面建设社会主义现代化国家新征程,作为行政主体和人民公仆的各级各类公务员必须忠诚于党、国家和人民,才能不负历史使命。具体可以从三个方面着力。

(1)在主体维度,进一步强化公务员的忠诚道德教育。

同普通意义上的教育目标一样,忠诚道德教育的目标是帮助受教育者塑造内在的良知,培养自觉自律精神。[①]具体而言,有以下几个方面。

第一,加强对公务员的公共伦理教育。公共伦理兼具公共性和服务性,公共伦理教育有助于纠正公务员行政履职的错误理念,可以增强抵御不良风气的免疫力。各级政府要通过政策支持和加大财政投入,提高教育培训平台的服务能力,积极推进公务员公共伦理云端培训体系构建,搭建公共伦理教育培训资源平台,实现全国资源共享,互通有无。

第二,加强对公务员的行政职业道德教育。为帮助公务员树立正确职业观,严守职业操守,弱化利己动机,各级政府要强化公务员的角色伦理教育,强化公务员的角色认知,引导其内化职业道德。同时,依照党纪国法强化公务员的职业教育,让公务员群体能够了解、知悉和接受相关政策法律文件,要求公务员遵循道德价值体系,并自觉将其融入行政工作与日常生活。

第三,援引良善道德观加强公务员的个人品德教育。各级政府可以对公务员个体的道德水准进行建档立卡、划分等级,然后根据具体情况来设置有针对性和实效性的培训教育体系。培训后还要进行效果测评,既要强调过程规范,也要注重结果有效性。

(2)在制度方面,进一步健全监督、考核和奖惩机制。

通过构建严格规范的制度体系,可以对公务员的行政活动进行有效规制约束,正向的激励机制有利于调动公务员的积极性。具体而言,有以下几个方面。

第一,针对监督主体分散、监督力度不足、监督立法滞后和监督重心片面等问题,可以通过靶向性地整合力量、动态调适立法、常态优化监督制度体系等措施完善行政监督体系。第二,通过构建可视化和实操性强的信息采集系统、持续健全行政绩效考核制度、巩固考核忠诚指标体系的法理基础,不断完善忠诚的道德考评制度。第三,根据公务员不忠诚的程度可将其依次划分为违纪、违法和犯罪等三种情形。因此,必须依法健全规范性文件体系,锻造忠诚、干净、担当的司法干部队伍,动态调整与完善奖惩制度体系,集成合力,尽可能规避行政中的不忠诚现象。

(3)在文化方面,进一步营造积极向上的行政氛围。

良好的行政文化氛围能够有效浸润、熏陶和引导公务员,有助于提升公务员的忠诚意识和道德观念。具体而言,有以下几个方面。

第一,面对多元价值观的冲击与干扰,公务员群体或多或少会受到负面影响,因此亟须持续加强社会主义核心价值观的宣教,引导公务员自觉认同中国特色社会主义的道路、理论、制度和文化,自觉以马克思主义理论武装头脑,坚决抵制各种不良思想倾向。

---

① 鲁洁:《道德教育的期待:人之自我超越》,《高等教育研究》,2008 年第 9 期,第 1-6 页。

第二,通过评优秀、选先进等方式,树立标杆、塑造榜样和典型,对正面的标杆榜样加以大力推广宣传,对反面的典型则进行批判反思。以先进的榜样带动后进者,避免公务员道德信仰下滑,忠诚程度降低。第三,通过抓好行政领导这一"关键少数",严格落实主体责任,倡导领导干部身先士卒、率先垂范,积极带头践行对党组织、法律和人民的忠诚。

■(二)新时代公务员服从的困境及应对

全方位地实现高质量发展是推进中国式现代化的逻辑主线。公共行政同样需要高质量发展,以更好地满足人民对美好生活的向往。就公务员而言,其职业的公共性决定了行政服务必须追求高效能。公务员必须快速响应上级决策或指令,从而确保整个系统的高速运转。同时,在依法治国背景下,公务员的任何行政活动都必须在法律规范的框架内。在任何情况下,公务员的活动都不能触及法律底线和纪律红线。

我国行政法明确规定,如果公务员在践履行政服从义务时出现了不适当的情形,就要接受行政追责、民事赔偿、刑事惩戒等。其一,行政服从中的行政责任。公务员在行政过程中未履行行政法所规定的义务,就会受到行政机关或司法部门的相应处分。行政处分是行政追责的体现,常见的方式如:警告、记过、记大过、降级、撤职、开除,等等。也就是说,如果公务员拒绝执行上级的决定或指令,可能面临以上行政追责,这有利于确保行政系统的稳定高效运行。其二,行政服从中的民事责任。《中华人民共和国民法通则》和《中华人民共和国国家赔偿法》规定,国家机关及其工作人员在执行公务中对公民的合法权益造成损害的,需承担相应的民事责任。公务员无论是故意为之,还是过失而导致公民个体、法人组织或集体组织的利益受损,都必须进行相应的赔偿补救。其三,行政服从中的刑事责任。在行政过程中,公务员的行政行为如果违背了刑法相关规定,就要承担相应的刑事责任。刑事责任的产生既可能源于对职务身份的违背,也可能源于履行特定义务。前者主要表现为职务犯罪和准职务犯罪,后者则多因正当防卫、紧急避险等事由所致。

行政过程中,公务员面临的种种困境,必须进行有针对性的回应,才能进一步强化新时代公务员行政服从的自觉性,坚持以人民为中心的行政价值立场。其一,为确保政令通畅和维护公务员的权益,可考虑调修《中华人民共和国公务员法》中部分过时的条款,消除公务员在行政过程中的思想包袱,让公务员能为且敢为。其二,切实维护和尊重公务员的人格权。在行政过程中,充分尊重公务员的人格权,有利于降低他们行政违法的可能性。换言之,公务员只有在其政治前途、薪酬待遇和名誉形象等方面都有明确保障的情况下,才敢质疑或抵制上级的非法行政干预,才能真正实现依法行政。其三,建立评估违法行为的准则框架。对公务员在行政中出现的违法情形,不能仅凭主观臆断,而应分别围绕行政主体的行政权限、行政内容和行政程序等方面设立具体的指标,构建相应的具有普适性的测评体系。这样,出现相关情形时都可以援引该准则进行评估,这样才能相对客观科学,才能真正让各级公务员心悦诚服。其四,严把公务员的法律关。在公务员招考选录环节,提升法律考察比重,促进公务员主动学法、懂法、用法。在行政过程中,定期对公务员进行法律教育培训,强化公务员服从法律的意识。其五,要拓展公务员司法援助途径。当公务员的合法权益遭到损害或受到了不公正待遇时,可在法治原则之下,通过申诉、控告等方式全力争取和捍卫应有权益。目前,公务员的申诉、控告权利,仍局限于行政系统内部。各级政府可以在确保行政完整性和独立性的前提下,对行政内部行为进行分类设置,尤其是与公务员切身利益相关的升降级、退休待遇、工龄认定等方面,可考虑将其纳入行政诉讼体系,而其余的如警告处分、考核记过等情形,则可以在行政系统内部协调。总之,拓展救助渠道与分类处理方式,有利于维护公务员自身权益,进一步调动广大公务员行政服务的积极性与创造性。

本章复习题

1.如何理解忠诚的理论渊源。

2.简述公共伦理中服从的价值意蕴。

3.论述新时代的公务员应如何处理好忠诚与服从的关系。

复习题参考答案

本章参考书目

1.李建华、左高山:《行政伦理学》,北京大学出版社 2010 年版。

2.张成福:《大变革—中国行政改革的目标与行为选择》,北京:改革出版社 1993 年版。

3.高力:《公共伦理学》,高等教育出版社 2006 年版。

4.蒙培元:《情感与理性》,中国人民大学出版社 2009 年版。

■ 第十章
公共伦理中的清廉与腐败

——本章导言——

　　清廉与腐败是公共伦理中的重要问题。腐败是社会毒瘤,推进廉政建设就必须毫不动摇地反对腐败。从理论上厘清腐败产生的根源,总结既往反腐败斗争的经验,能够为新时代建设廉洁自律的公务员队伍提供启迪。

■ 第一节　公共伦理中的清廉

　　清廉是一种高尚的道德情操,是公职人员的内在伦理要求和职业道德底线。

■ 一、清廉的概念

　　"清廉"是由"清"和"廉"两个字构成的组合词。"清"字有许多释义,例如洁净纯洁、明晰不混、雅致美好、寂静不热闹、清淡不烦等。《大辞海》引用了《楚辞·招魂》对"清"的解释,即廉洁,不贪污。[①] "廉"字也有许多释义,例如侧边、棱角、便宜价钱低、考察查访等。《大辞海》引用了《汉书·东方朔传》对"廉"的解释,即廉洁,不贪。[②] "清"与"廉"两个字的释义都指向廉洁和不贪污。由此可见,廉洁与贪污是相对立的。基于此,我们可以确定"清廉"概念的内涵,即廉洁的正面维度和不贪污腐败的反面维度的统一。在反腐倡廉的语境下,"清廉"意味着党员干部和公职人员要端正党风、加强廉政建设和反腐败斗争,保持良好的政治生态。

■ 二、清廉文化传承

　　我国的廉洁观念萌芽于中华民族文化形成初期。[③]传说早在氏族公社时期,一位叫皋陶的氏族首领就提出了"九德",包括"宽而栗,柔而立,愿而恭,乱而敬,扰而毅,直而温,

---

① 夏征农、陈至立、鲍克怡:《大辞海·语词卷》,上海辞书出版社 2015 年版,第 2797 页。
② 夏征农、陈至立、鲍克怡:《大辞海·语词卷》,上海辞书出版社 2015 年版,第 2780 页。
③ 沈其新:《中华廉洁文化与中国共产党先进性建设》,湖南大学出版社 2008 年版,第 7 页。

简而廉,刚而塞,强而义"。这里所提到的"简而廉"是中华文化传统中关于廉洁文化的最早记载。可以看出,廉洁文化一直是中华文化传统中的核心要素之一,也是中华民族倡导的道德规范之一。然而,由于上古时期,中华道德观念还处于萌芽阶段,没有上升到社会伦理的高度,因此,中华廉洁文化的内涵只局限在道德诚信的范畴,缺乏道德的约束力。到了春秋时期,经过"百家争鸣"的文化洗礼,中华传统文化的主流思想——儒学得到了迅速发展,中华廉洁文化也在逐步形成并发展起来。在这个时期,廉洁思想已经成为儒家重要的道德思想。儒家认为礼义廉耻中的廉是廉洁思想的核心。与此同时,其他学派也开始重视廉洁思想。"百家争鸣"时期的墨家学派也强调廉在道德伦理中的重要意义。墨家学派最早提出君子之德有廉、义、爱、哀四行,将廉置于四行之首,与儒家强调廉相似。

廉与贪自古以来就是两个对立的道德观念,廉是一种高洁的美德。《薛文清公从政录》中提出了居官七要,其中重要的一条就是"正以处心,廉以律己",并进一步将廉洁自律具体表现,分为三种不同的道德境界:"世之廉者有三:有见理明而不妄取者,有尚名节而不苟取者,有畏法律保禄位而不敢取者。见理明而不妄取,无所为而然,上也;尚名节而不苟取,狷介之士,其次也;畏法律保禄位而不敢取,则勉强而然,斯又为次也。"在儒家思想的影响下,中华廉洁文化抵制腐败文化的道德约束力得到了提升,并逐步形成为政廉洁的道德规范,实现了道德诚信文化向道德伦理文化的跨越。廉洁思想不仅是维系国家生存发展的"礼义廉耻"四大道德准则与精神支柱之一,也是国家政治文明建设的思想基础。中华廉洁文化倡导的精神,即中华优良道德的精神。

三、中国共产党人的清廉思想

清廉是中国共产党一直倡导的美德。从毛泽东到习近平,一代代革命家和领导人一以贯之地高度重视并身体力行清廉思想。

(一)毛泽东的清廉思想

毛泽东早在土地革命时期,就揭露和批判了国民党的贪污腐败,治理红军内部的贪污现象,并提出了廉洁政府的理念。在抗日战争时期,毛泽东领导中国共产党开展整风运动,有效地防止了党员干部的贪污腐败,提高了军民抗战到底的凝聚力与战斗力。解放战争时期,毛泽东号召人民群众团结起来推翻蒋介石集团的腐败统治,为建立廉洁政府而奋斗。在社会主义革命和社会主义建设时期,毛泽东领导中国共产党全面开展以"反贪污、反浪费、反官僚主义"为基本内容的"三反运动",严肃处理了刘青山、张子善等贪污腐败分子。同时,还开展了以"反对行贿、反对偷税漏税、反对盗骗国家财产、反对偷工减料、反对盗窃经济情报"为基本内容的"五反"运动,重点打击罪大恶极的反动资本家和一些不法私人工商业者对党员干部的行贿腐蚀。

(二)邓小平的清廉思想

早在抗日战争时期,邓小平就提出了以民主政治克服党员堕落腐化。1943 年,他在

《太行区的经济建设》一文中提出了"善政"理念,内含改革"病政"实现"善政"的清廉思想①,阐述了"善政"的内涵,即为人民着想,把人民放在中心位置或主体位置。新中国成立后,中国共产党坚持"三反""五反"核心思想,惩治与预防腐败。改革开放后,邓小平提出"两手抓,两手都要硬",即"一手抓改革开放",一手抓惩治腐败,打击包括贪污腐败在内的不正之风。在此基础上,邓小平提出依靠政治体制改革来治理政治领域的官僚主义问题,运用制度和法律来治理经济领域和政治领域贪污腐败的问题,运用教育净化社会腐败风气,倡导廉洁奉公,建设廉洁政治。

■(三)江泽民的清廉思想

江泽民在贯彻落实邓小平"一手抓改革开放,一手抓惩治腐败"的基础上,提出,对反腐败要"标本兼治、综合治理"。首先,江泽民深刻论述了反对腐败对党和国家的前途命运的重要影响,对中国特色社会主义事业的成败的重要影响,并论述了反腐败斗争的长期性、复杂性与艰巨性。其次,江泽民提出从端正党风、建设廉洁政治和深入开展反腐败斗争等三个方面,系统推进反腐倡廉斗争。他认为,"反腐倡廉是一个社会系统工程,需要各方面协调配合和共同努力"②。

■(四)胡锦涛的清廉思想

胡锦涛认为,党员干部贪污腐败和腐化堕落的根本原因是丧失了共产主义远大理想,违背了为人民服务的宗旨。强调"不受监督的权力容易导致腐败"③。要"善于有效抵制资本主义社会种种消极腐败东西的侵蚀"。④提出领导干部和广大公务员务必"为民、清廉、务实"。要坚持"标本兼治、综合治理""惩防并举、注重防御",建立健全惩治和预防腐败体系,重点加强反腐倡廉的制度体系建设。

■(五)习近平关于反腐倡廉的重要论述

习近平总书记重温1945年毛泽东与黄炎培在陕北窑洞里关于"跳出历史周期率"的探讨,提出政府官员贪污腐败是人亡政息的重要原因,认为"腐败问题对我们党的伤害最大"。因此,习近平总书记以反"四风"为抓手,深入开展反腐败斗争。强调防治腐败的重点是抓住源头,要加快"形成不敢腐的惩戒机制,不能腐的防范机制,不易腐的保障机制"⑤,以零容忍的态度反腐惩恶,坚决打击违法乱纪和贪污腐败的分子。要以踏石留印、抓铁有痕、猛药去疴、重典治乱、刮骨疗毒、壮士断腕的决心和勇气,彻底消灭腐败分子。为此,"要坚持'老虎'、'苍蝇'一起打,既坚决查处领导干部违纪违法案件,又切实解决发生在群众身边的不正之风和腐败问题。要坚持党纪国法面前没有例外,不管涉及到谁,都要一查到底,绝不姑息"。⑥同时,还要"加大国际追逃追赃力度,推动二十国集团、亚太

---

① 邓小平:《邓小平文选(第一卷)》,人民出版社1994年版,第82页。
② 江泽民:《江泽民文选(第三卷)》,人民出版社2006年版,第188页。
③ 胡锦涛:《胡锦涛文选(第一卷)》,人民出版社2016年版,第568页。
④ 胡锦涛:《胡锦涛文选(第二卷)》,人民出版社2016年版,第43页。
⑤ 中共中央文献研究室编:《习近平关于全面从严治党论述摘编》,中央文献出版社2016年版,第177页。
⑥ 中共中央文献研究室编:《习近平关于全面从严治党论述摘编》,中央文献出版社2016年版,第176页。

经合组织《联合国反腐败公约》等多边框架下的国际合作,实施重大专项行动,把惩治腐败的天罗地网撒向全球,让已经潜逃的无处藏身,让企图外逃的丢掉幻想"①。

第二节　公共伦理中的腐败

腐败是寄生在国家政权上的一个毒瘤,是一个老生常谈的话题。严格意义上讲,腐败与滥用公权有关,实质是以权谋私。腐败与反腐败问题关系国家的荣衰兴亡。预防与反对腐败工作是艰巨的,也是长期的。

一、腐败的概念

作为一个世界性的难题,腐败问题古已有之,至今没有统一的定义。从广义上讲,腐败是指对公共角色或资源的滥用,或公私部门对政治影响力量的不合法的使用形式。腐败的本质是不正当地利用公共权力谋取私利,滥用公共权力获得非法的个人利益。塞缪尔·亨廷顿认为腐败是公职人员为实现其私利而违反规范的行为。事实上,腐败除了用公共权力换取财富这种行为之外,还包含任人唯亲、滥用职权、贪污浪费等各种行为。本教材所要探讨的腐败是指各级公职人员,即拥有公共权力的人,借助权力寻租的方式,换取个人利益的行为。

视频:云南贪官
1600 平"秦家
大院"曝光

腐败通常被定义为滥用公共权力谋取私利。其要点有三:第一,主体是行使公共权力的官员;第二,目的是获取私人的利益;第三,私利的获取是以滥用公共权力或者损害公共利益为前提。该定义从腐败的主体、目的和前提三方面进行阐述,抓住了腐败行为的实质。总而言之,腐败是指公职人员利用公权力谋取私利的不当行为。

二、腐败现象产生的原因

腐败产生的原因是多方面的,有历史的原因,也有制度设计等方面的原因。

(一)腐败现象产生的社会历史原因

腐败是一种社会历史现象,它表现为贪赃枉法、行贿受贿、敲诈勒索、权钱交易、挥霍人民财富、腐化堕落等现象。这种现象,从本质上说是剥削阶级和剥削制度的产物。在中国历史上虽然也有励精图治的皇帝、清正廉洁的官吏,但阶级社会的统治者根本不可能解决腐败问题。剥削阶级从本质上是同人民根本对立的,历代王朝的覆灭都与政权的腐败分不开。这是历史兴亡的规律,社会主义以前的剥削社会中,所有王朝概莫能外。

中国共产党是马克思主义执政党。我国实行的是人民当家做主的社会主义制度。我们党和国家的性质与腐败现象是格格不入的。那么,为什么在我们党政干部和公务员队伍中依然存在腐败问题呢? 从历史的角度看,中国经历了一个很长的封建社会时期,

---

① 中共中央文献研究室编:《习近平关于全面从严治党论述摘编》,中央文献出版社 2016 年版,第 192 页。

专制主义和形形色色的土皇帝思想的影响长期存在,会在现代社会中通过这样那样的形式表现出来。改革开放以来,我们在借鉴和利用西方发达国家的现代文明成果的同时,资本主义的腐朽思想也在泥沙俱下中被带进来了。而我国建设社会主义市场经济体制,也要经历一个艰难的新旧体制转换过程。在这个过程中,由于制度和机制的不健全,公共行政中难免会存在一些漏洞和薄弱环节,也会给腐败滋生以可乘之机。

从现实来看,十八大以来,以反"四风"为标志,虽然反腐败斗争持续深入,但有些地方、有些单位的党员和干部的思想政治教育抓得不紧,极端个人主义、拜金主义、享乐主义思想在一部分党员干部和公务员中滋长蔓延。这也是腐败现象根深蒂固的一个重要原因。如果长期执政后,我们的干部队伍丧失了夺取政权和建设国家时期那种充满浩然正气、朝气蓬勃的精神,而变得形式主义、官僚主义横行,以致滥用职权让党和人民的利益受到严重损害,那么,最后必然会失去最广大人民的拥护和支持。

正确认识腐败现象产生的社会历史原因,是有效防范和惩治腐败问题的重要前提。我们一定要坚持历史唯物主义观点,充分认识腐败现象与剥削制度、剥削阶级相连的阶级属性,既要充分认识腐败现象本质上都是剥削阶级思想的表现和剥削制度的产物,又要充分认识社会主义条件下腐败现象错综复杂的原因,从而对症下药,采取符合客观规律的办法,为从根本上消除腐败现象而努力。

■(二)腐败现象产生的制度原因

腐败的存在和发展具有复杂而深刻的原因,既有历史传统、思想文化方面的原因,也有法律制度方面的原因,还有公职人员个人世界观、人生观、价值观扭曲的原因。其中,制度缺陷是产生腐败现象的深层次原因。中国在从传统的计划经济向社会主义市场经济转变的过程中,法律制度、体制、机制中难免存在一些缺陷与漏洞,这为一些公职人员实施腐败行为提供了机会与条件。不管社会的制度化程度如何,制度是相对的,制度适应性也是相对的。在新旧体制转变的过程中,各种形式的腐败是逐步显现出来的,是随着改革的深入在一定的条件下逐步滋生、蔓延开来的。这在客观上也影响了反腐败的制度设计,使人们习惯于待腐败现象出现甚至恶化后才设计反腐败制度。因此,不少反腐败制度具有临时性、应急性与滞后性的特征。这些临时性、应急性的措施,没有经过周密规划,政出多门,甚至相互矛盾、抵触与掣肘,因此就会出现头痛医头、脚痛医脚的现象。也有的制度供给过分依靠行政手段,如红头文件,由于缺乏法治原则,有的制度制定纯粹为了应付检查,执行起来却严重走样。

社会主义市场经济是法治经济,如果法制建设远落后于市场的发展,就无法为市场主体的行为提供制度规范,那么腐败必然产生。另外,制度执行不力也是腐败蔓延的关键性因素。[①]"制度就好像是堡垒……必须要好好加以设计,而且要配备适当的人员"。现实中,有的制度没有起到很好的作用,或者没有被切实贯彻执行。一些预设的监督制约机制也没有真正发挥作用,以致贪官"玩程序"或把制度程序当摆设的现象时常发生,制度虚置、机构虚位、功能虚化的问题凸显。

---

① 廖斌、廖天虎:《腐败防控机制研究》,中国政法大学出版社 2014 年版,第 25 页。

■（三）腐败产生的思想基础

从人类生存的角度来讲,物质是人类生活的基础。在正常的社会生活中,人们获取物质的前提是交换。当一个人能用手中权力交换到物质又不被束缚的时候,他就会无限地放大这种权力①。这样,腐败也就产生了。除非他受到道德的、法律的或宗教的力量约束,才有可能放弃这种牟利行为。从某种程度上来讲,这是残余的剥削思想的具体表现。因此,某些当权者在缺乏道德修养而法律又对其腐败行为不能及时有效惩治的情况下,就会把手中的权力当成无形的商品进行物质交换,以获取更大的私利。这就是所谓的权力寻租行为,也就是腐败现象滋生的思想基础之一。

从历史的角度来看,本教材认为,每当中国传统文化遭受严重破坏之时,往往也是腐败现象最为猖獗的时期。比如,元朝时期,中国传统文化遭到破坏,导致官员道德水准低下,官场腐败横行,以至于用"剥皮实草"的酷刑都无法把官场的腐败之风压制住。很多腐败分子的成长环境中,往往缺乏足够的传统文化教育,这是滋生腐败的思想基础之二。

■ 三、党风廉政建设和反腐败斗争的经验

改革开放以来,我们党在团结带领全国各族人民建设中国特色社会主义事业的伟大进程中,坚定不移地开展党风廉政建设和反腐败斗争,逐步走出了一条具有中国特色反腐倡廉道路。这条道路是中国特色社会主义道路的重要组成部分,是我们党把马克思主义反腐倡廉理论与中国反腐倡廉建设实际相结合的一大创举,是发展中国特色社会主义的重要保证。

第一,必须坚持以中国特色社会主义理论体系为指导,保证党风廉政建设和反腐败斗争的正确方向。中国特色社会主义理论体系,是马克思主义中国化的最新成果,是全国各族人民团结奋斗的共同思想基础。我们要高举中国特色社会主义伟大旗帜,不断探索符合我国现阶段基本国情的反腐倡廉新措施新办法,坚定不移地走中国特色反腐倡廉道路。实践证明,只有以中国特色社会主义理论体系为指导,才能更好地从政治上观察和处理形形色色的腐败问题,正确判断党风廉政建设和反腐败斗争的形势,明确不同历史时期反腐倡廉的主要任务,与时俱进地推进反腐倡廉工作,保证党风廉政建设和反腐败斗争始终沿着正确的方向全面深入地推进。

第二,必须坚持党要管党、全面从严治党,始终把党风廉政建设和反腐败斗争放在突出位置来抓。历史和现实都表明,一个政党过去先进不等于现在先进,现在先进不等于永远先进。在长期执政、改革开放和发展社会主义市场经济的条件下,我们党面临着各种可以预见和难以预见的风险,党员干部队伍面临着腐蚀与反腐蚀的严峻考验。不断增强党和政府的拒腐防变和抵御风险能力,是我们党始终面临的重大课题,是党长期执政和国家长治久安的重要政治保证和组织保证。中国共产党始终坚持党要管党、全面从严治党的方针,始终把反腐败作为一场严肃的政治斗争来抓,保持惩治腐败的强劲势头,坚决查处腐败案件。对腐败分子,不论是谁,不论职务多高,只要违反了党纪国法,都依纪

---

① 　于洪珠:《腐败治理新论》,世界图书出版公司 2012 年版,第 2-3 页。

依法予以严惩。实践证明,坚决惩治和有效预防腐败,关系人心向背和党的生死存亡,是党必须始终抓好的重大政治任务。

第三,必须坚持党的基本路线,始终把党风廉政建设和反腐败斗争置于党和国家工作大局中来抓。我国正处于并将长期处于社会主义初级阶段,必须牢牢把握发展这个党执政兴国的第一要务,坚持以经济建设为中心,一心一意谋发展。党风廉政建设和反腐败斗争作为党和国家工作的重要组成部分,必须坚持党的基本路线,围绕中心、服务大局,为深化改革、促进发展、维护稳定服务。新中国成立以来,党风廉政建设和反腐败斗争始终保持健康平稳发展的良好态势,其中最重要的一条就是坚持在大局中谋划、在大局下推进,坚持实践服从服务于党和国家中心工作的根本要求。实践证明,只有始终坚持围绕中心、服务大局,党风廉政建设和反腐败斗争才能找准突破口与切入点,为推动经济社会又好又快发展提供有力保证。

第四,必须坚持以人民为中心的工作导向,切实维护人民群众的根本利益和党员干部的合法权益。中国共产党要坚持以人民为中心的工作导向,全心全意为人民服务,这是由党的性质和宗旨决定的,也是反腐倡廉的基本要求。中国共产党始终坚持把实现好、维护好、发展好最广大人民的根本利益作为一切工作的出发点和落脚点,认真开展专项治理,切实纠正损害群众利益的不正之风,建立健全维护群众利益的长效机制,有力地巩固了党同人民群众的血肉联系。同时,我们不断完善党规党纪,坚持以事实为依据,以法纪为准绳,准确恰当地处理违纪行为。在反腐倡廉中,我党高度重视保护党员干部的合法权益,尊重党员的主体地位,保障党员民主权利。实践证明,只有坚持以人民为中心的工作导向,才能让反腐败工作落到实处,从而更好地维护人民群众的根本利益,才能更好地激发广大党员干部干事创业的积极性与创造性。

第五,必须坚持标本兼治、综合治理、惩防并举、注重预防的方针,以完善惩治和预防腐败体系为重点,加强反腐倡廉建设。完善惩治和预防腐败体系是中国共产党深刻总结反腐倡廉历史经验、适应形势发展和时代要求作出的重大战略决策。党不断探索和把握反腐倡廉建设规律,不断坚持和完善反腐倡廉工作方针,把治标和治本、惩治和预防始终贯穿于反腐倡廉全过程,做到两手抓、两手都要硬,既坚决惩处腐败分子,又努力从源头上预防和治理腐败,不断铲除腐败现象滋生蔓延的土壤和条件。我们要坚持以完善惩治和预防腐败体系为重点,全面推进反腐倡廉建设,通过深化改革和创新制度,逐步健全拒腐防变的教育长效机制、反腐倡廉制度体系、权力运行监控机制。实践证明,只有全面贯彻反腐倡廉工作方针,积极推进惩治和预防腐败体系建设,才能明晰思路、突出重点、抓住关键,增强反腐倡廉建设的整体性、协调性、系统性与实效性。

第六,必须坚持解放思想、实事求是、与时俱进,以改革创新精神推进党风廉政建设和反腐败斗争。解放思想、实事求是、与时俱进,是党的思想路线的核心,是马克思主义活的灵魂,也是反腐倡廉建设的强大思想武器。我们党从不同时期反腐败斗争的实际出发,不断推动反腐倡廉工作理念思路、方式方法、体制机制的创新。改革开放以来,党从着力治标、侧重遏制到标本兼治、综合治理,从注重开展专项工作到整体推进反腐倡廉建设,可以说,中国特色的反腐倡廉是一个不断走向持续、全面、深入的过程。

第七,必须坚持党的领导,不断健全反腐败领导体制与工作机制。党风廉政建设和反腐败斗争是一项复杂艰巨的系统工程,也是全党全社会的共同任务,必须始终坚持在党的统一领导下,建立健全体制机制,形成工作合力。要把党风廉政建设和反腐败工作纳入各级党委和政府的总体工作规划,与经济社会发展和党的建设任务一起部署、一起落实、一起检查、一起考核,建立和落实党风廉政建设责任制,坚持和完善反腐败领导体制和工作机制,形成全党反腐败的良好局面。实践证明,只有坚定不移地加强和改进党的领导,不断完善反腐败体制和工作机制,才能切实落实反腐倡廉各项任务,为党风廉政建设和反腐败斗争提供坚强的领导和组织保证。

第三节 新时代公务员的廉洁自律

廉洁自律既是新时代公职人员的美德,也是公务员公共行政的道德底线与必然要求。

一、新时代反腐倡廉的指导思想与基本要求

思想是行动的指南,反腐倡廉的指导思想与基本要求是公务员做好行政服务的现实标准。

(一)反腐倡廉建设的指导思想

以习近平新时代中国特色社会主义思想为指导,以党的执政能力建设和先进性建设为主线,坚持党要管党、全面从严治党,全面坚持标本兼治、综合治理、惩防并举、注重预防的方针,把反腐倡廉建设放在更加突出的位置,紧密结合党的思想建设、组织建设、作风建设和制度建设,根据新的时代条件和面临的新形势新任务,以改革创新精神整体推进反腐倡廉建设各项工作,为中国式现代化建设和实现人民美好生活提供一个清正廉洁的社会环境。

(二)反腐倡廉建设的基本要求

1. 坚持围绕中心、服务大局

各级政府和公务员要紧紧围绕党和国家工作大局,把反腐倡廉建设延伸到社会主义经济建设、政治建设、文化建设、社会建设、生态建设各个领域,体现在党的建设各个方面,既要发挥服务和促进作用,又要推动惩治和预防腐败体系逐步完善。

2. 坚持改革创新、开拓进取

各级政府和公务员要以改革创新的精神状态、思想作风和工作方法,认识和把握新形势下反腐倡廉建设的特点和规律,加强和改进惩治和预防腐败各项工作,总结新经验、研究新情况,创新思路,不断完善工作机制,破解难题,推动反腐倡廉工作取得实际成效。

3. 坚持惩防并举、重在建设

各级政府和公务员以建设性的思路、举措和方法推进反腐倡廉建设,使惩治与预防、教育与监督、深化体制改革与完善法律制度有机结合,在坚决惩治腐败的同时,注重治本、预防和制度建设,做到惩治和预防两手抓、两手都要硬。

□ 4. 坚持统筹推进、综合治理

各级政府和公务员要把改革的推动力、教育的说服力、制度的约束力、监督的制衡力、惩治的威慑力结合起来，把惩治和预防腐败的阶段性任务与战略性目标结合起来，立足当前，着眼长远，整合各方面资源和力量，增强惩治和预防腐败体系建设的科学性、系统性与前瞻性。

□ 5. 坚持突出重点、分类指导

各级政府和公务员要紧紧抓住腐败现象易发多发的重要领域和关键环节，以领导干部为重点，以规范和制约权力为核心，紧密结合实际，区分不同情况，加强政策指导，探索有效途径，不断取得新进展。

二、新时代廉政文化培育

（一）廉政文化的内容

廉政文化是政治文化的重要内容。政治文化是一个政党、阶级、民族在特定时期流行的一套政治态度、信仰和感情，它是在该政党、阶级或民族的历史演变过程中，以及参与社会、经济和政治活动的过程中逐步塑造而成的。政治文化是政治体系的心理方面，主要由三个部分组成。

一是认识性成分，即人们对政治组织、政治过程、政治目的、政治角色、政治产品等方面的知识。这些知识有正确的，也可能有不正确的，它反映了认识主体的政治取向，会直接影响人们的政治行为。二是感情性成分，即人们对政治体系的热爱、忠诚、怀疑、疏远等情绪反应。如果某人对某个政治体系反感，他就不可能对政治当局的要求作出良好的反应。三是评价性成分，即人们依据一套他们认为是正确和合理的准则、信条，或明确或含蓄地对政治系统进行的价值判断。政治文化的这三个组成部分是相互联系的。这三个部分不仅会以各种方式相互影响，还会分别受到个人政治态度形成过程的影响。①

（二）廉政文化的培育

廉政文化作为政治文化的一种，可以通过三种路径进行培育。②第一，增强依法廉政的法治意识。发挥法治的权威性、强制性的特点和优势，要求行政人员在工作和生活中自觉依法、用法、守法；加强责任追究力度，提高人员依法廉政意识。第二，提高以德倡廉的自觉意识。党员干部修身立德，首先要树立良好的从政道德，即通常所说的"官德"，本质要求就是要确立崇高理想，增强党的宗旨观念，全心全意为人民服务。提高廉政人员以德倡廉意识，就必须充分发挥德治的自律性、预防性的优势，注重提高党政干部的精神境界，强化其自律意识，鼓励其当好廉政表率。第三，要打造一个廉洁、公正、透明政府。政府是否廉洁、公正、透明，直接影响政府权威与人民群众的认同，是社会信用体系建设的核心问题。

---

① 陈俊明、杜春华：《中国共产党组工文化初探》，中国言实出版社 2009 年版，第 22 页。
② 郭济、高小平、何颖：《行政伦理导论》，黑龙江人民出版社 2006 年版，第 430 页。

三、新时代加强作风建设

党的作风是党的形象,也是党的政治、组织和制度的外在体现,是党的创造力、凝聚力和战斗力的重要内涵。党的作风建设发展凝聚着历代中国共产党人的宝贵智慧和巨大心血,是历代中国共产党人进行党的建设和发展伟大事业的传家宝。

(一)增强透明度,主动接受监督

政府的一切权力都是人民赋予的,政府的行政行为必须对人民负责,为人民谋利益,接受人民监督。各级政府要自觉接受同级人民代表大会及其常务委员会的监督,接受人民政协的民主监督,认真听取民主党派、工商联、无党派人士和各人民团体的意见。同时,各级政府要自觉接受新闻舆论和社会公众监督。重视人民群众通过行政复议、行政诉讼等法定渠道,对政府机关及其工作人员的监督,加强政府系统内部监督,支持监察审计部门依法独立履行监督职责,为便于人民群众了解情况和监督,各级政府要建立政务信息公开制度,增强政府工作的透明度。

案例:让群众监督
更方便更有效

(二)加强法治教育

领导干部应具备丰富的知识储备和完善的知识体系,而法治素养是其中的一个重要方面。党员干部的廉政教育要将法治培训作为重要内容纳入党员干部教育培训总体规划,让法律知识成为领导干部知识体系中的主要内容,成为各级行政学院、党校、社会主义学院的必修课程,在公考、晋升培训考试中侧重对法律知识进行考核,将能否遵守法律和依法办事作为考察官员的重要标准,强化广大党员干部的法律意识。

"风成于上,俗化于下",我们党的领导干部如果率先学习了法律知识,就能带动广大党员学习研究中国特色社会主义法治理论,带动全民深入学习习近平法治思想,强化法律意识,坚持在法治的框架下用权,坚持依法行政与依法服务,不断满足人民美好生活的法治需求。

本章复习题

1.简述中国共产党人廉洁思想的演进脉络。

2.简述腐败产生的原因。

3.谈谈新时代公务员如何做到廉洁自律?

复习题参考答案

本章参考书目

1.金太军等:《行政腐败解读与治理》,广东人民出版社 2002 年版。

2.韩丹:《道德辩护与道德困境——腐败问题的伦理学探究》,中央编译出版社2012年版。

3.高委、程云:《反腐新格局——十八大以来党风廉政建设和反腐败斗争新成就》,中国方正出版社2016年版。

4.谢春涛:《中国共产党如何反腐败?》,新世界出版社2020年版。

5.李雪勤:《清廉中国——反腐败国家战略》,浙江人民出版社2021年版。

与本书配套的二维码资源使用说明

本书部分课程及与纸质教材配套数字资源以二维码链接的形式呈现。利用手机微信扫码成功后提示微信登录,授权后进入注册页面,填写注册信息。按照提示输入手机号码,点击获取手机验证码,稍等片刻收到4位数的验证码短信,在提示位置输入验证码成功,再设置密码,选择相应专业,点击"立即注册",注册成功。(若手机已经注册,则在"注册"页面底部选择"已有账号,立即登录",进入"账号绑定"页面,直接输入手机号和密码登录。)接着提示输入学习码,须刮开教材封底防伪涂层,输入13位学习码(正版图书拥有的一次性使用学习码),输入正确后提示绑定成功,即可查看二维码数字资源。手机第一次登录查看资源成功以后,再次使用二维码资源时,在微信端扫码即可登录进入查看。(需要获取本书数字资源,可联系编辑宋焱:15827068411)